약이 되는 산나물 들나물 기르기

약이 되는
산나물 **들**나물 기르기

초판인쇄 | 2018년 3월 20일
초판발행 | 2018년 3월 26일

지 은 이 | 곽준수 · 김재철
펴 낸 이 | 고명흠
펴 낸 곳 | 푸른행복

출판등록 | 2010년 1월 22일 제312-2010-000007호
주   소 | 경기도 고양시 덕양구 통일로 140(동산동)
            삼송테크노밸리 B동 329호
전   화 | (02)3216-8401 / FAX (02)3216-8404
E-MAIL | munyei21@hanmail.net
홈페이지 | www.munyei.com

ISBN 979-11-5637-081-9 (13520)

※ 이 책의 내용을 저작권자의 허락없이 복제, 복사, 인용, 무단전재하는 행위는 법으로 금지되어 있습니다.
※ 잘못된 책은 바꾸어 드리겠습니다.
※ 이 도서의 국립중앙도서관 출판예정도서목록(CIP)은 서지정보유통지원시스템 홈페이지(http://seoji.nl.go.kr)와
   국가자료공동목록시스템(http://www.nl.go.kr/kolisnet)에서 이용하실 수 있습니다.
   (CIP제어번호: CIP2018007924)

텃밭, 주말농장에서 가족 건강을 위한

약이 되는 산나물
들나물 기르기

곽준수 · 김재철 공저

푸른행복

머리말

모처럼 쉬는 날, 잠시 리모컨을 들고 TV 채널을 이리저리 돌리다 보면 교양이나 정보 또는 오락 프로그램 할 것 없이 건강, 먹거리, 여행 프로그램으로 홍수를 이룬다. 그런데 이 세 가지 주제를 가만히 들여다보면 단연 눈에 띄는 한 가지가 있다. 바로 건강이다. 우리는 지금 고령화에서도 100세를 넘어 120세를 넘보는 시대를 살고 있다. 건강은 어느덧 온 국민의 화두가 되었다. 이는 자연스럽게 먹거리에 대한 관심으로 이어지고, 식재료를 고르는 우리의 모습은 점점 더 까다로운 소비자로 변해 가는 것이 사실이다. 그렇다 보니 채소의 경우에는 아예 자급자족하는 사람들도 주변에서 심심찮게 볼 수 있다. 여가시간을 이용해 직접 여러 가지 채소들을 재배하여 다양한 음식을 식탁에 올림으로써 나와 내 가족의 건강도 챙기고, 또 그 과정에서 자연과 식물을 접하는 동안 마음의 여유도 얻고 재충전하는 시간도 가진다는 것은 무엇과도 비교할 수 없는 즐거움이 되기도 한다.

최근에는 아파트에 사는 사람들도 자투리 땅만 있으면 무엇이든 심고 가꾸려는 모습들을 쉽게 볼 수 있다. 이러한 추세에 발맞추어 각 지자체나 농업 관련 기관에서는 도시농업에 대한 기술 지도나 보급을 위한 각종 프로그램들을 운영하고 있다. 하지만 중요한 것은, 아무리 소규모로 취미 삼아 하는 농사라 하더라도 재배하려는 식물에 대한 기초지식이나 농사를 위해 꼭 알아야 할 최소한의 농사 지식과 기술을

알고 있어야 한다는 점이다. 특히 이렇게 가꾼 채소들을 내 가족의 식탁에 올리기 위해서는 각종 채소들의 영양 정보 외에도, 안전을 위한 깊이 있는 지식과 조리법 등 음식에 대한 바른 정보가 필요하다. 이 책은 이러한 현실적인 문제점들을 해결하기 위해 작은 도움이라도 드리고자 하는 뜻에서 기획되었다. 이 책에 실린 식물들은 우리 주변에서 쉽게 볼 수 있을 뿐만 아니라, 영양은 물론 기능성까지 갖춘 약초들 중에서 손쉽게 쌈채소 등으로 활용 가능한 것들을 위주로 선별된 것들이다. 이 식물들은 그 기능성이나 효능이 뛰어나 약용과 식용을 겸할 수 있기 때문에 가꾸는 재미 외에도 정신적·육체적 건강까지 챙겨주는 효과를 얻을 수 있다.

 각 식물에 대한 이해를 돕기 위하여 식물별로 식물학적 기본정보(분류학적 정보와 분포, 주산지 등)를 간략하게 정리하였고, 형태학적 생김새를 자세하게 정리하였다. '재배방법'에서는 기후와 토양을 중심으로 식물의 특성을 고려한 재배적지를 정리하였고, '재배기술'에서는 번식이나 증식방법을 최대한 간단하면서도 핵심내용이 빠지지 않도록 정리하였다. 또한 재배방법 중 '주요관리'에서는 번식법별로 파종에서 본밭 관리 및 수확에 이르기까지 세심한 설명을 곁들여 누구든지 쉽게 재배가 가능하도록 하였다. 또 '성분'에서는 주요 부위별 성분을 기술하여 이용의 편의를 제공하였고, '식용부위 및 조리법'에서는 부위별로 조리방법을 간단히 정리하여 도움이 되도록 하였으며, '효능'에서는 각 식물들의 기능적 특성을 정리하였다. 각 식물들은 계절별·시기별·부위별로 사진을 수록하였으므로 식물체의 형태적 특성을 이해하는 데 도움이 될 것이며, 유사한 식물과의 혼동을 피할 수 있을 것으로 생각된다. 특히 이 책에는 나물이나 다양한 요리를 위해 식물의 적당한 채취 시기의 모습을 담은 사진도 수록하여 도움을 주고자 하였다.

이 책은 어린 시절 농촌에서 생활한 경험이 있는 분들에게는 소중한 추억과 함께 식물을 가꾸는 재미와 건강을 선물할 것이며, 은퇴를 앞두고 인생 이모작을 구상하시는 분들에게는 새로운 일거리나 보람을 안겨드릴 수도 있을 것이다. 도심의 일상에 쫓기듯 사는 사람들에게는 아파트 베란다나 뜰, 주말농장 등의 좁은 공간에서도 얼마든지 식물을 가꾸는 정서와 함께 건강을 챙기는 보람을 얻을 수 있으리라 생각한다. 또한 가족의 건강을 염려하여 건강한 밥상을 준비하는 어머님들께는 가정에서 가장 손쉽게 텃밭채소를 준비하는, 작지만 알찬 길잡이가 되어줄 것으로 기대한다. 이 책에 사용된 모든 단위는 CGS 기본단위를 원칙으로 하였으며, 거름주기나 파종량 등은 10a(300평)당 성분함량을 kg으로 표기하였다.

많은 사람들이 전원생활과 건강한 먹거리를 희망하지만 누구에게나 이런 삶의 기회가 쉽게 주어지지는 않는다. 우리에게 주어진 가능한 여건 속에서 자녀들과 함께

　작은 공간에 씨를 뿌리고, 우리의 건강을 지켜줄 소중한 식물들이 커나가는 모습을 함께 관찰하고 관리할 수 있다면 삶이 더욱 풍요로워지고, 삶의 공간도 훨씬 더 정감 넘치는 곳으로 변화될 것이라 믿는다. 그리하여 이 책이 가족들과 함께 대화를 나누고 사랑을 나눌 수 있는 소중한 '우리 가족만의 공간'을 만들어나가는 데 좋은 길잡이가 되기를 소망한다.

　우리에게 친숙한 식물을 위주로 정성을 다하여 자료를 정리하고 도움을 드리고자 노력하였으나 부족함을 많이 느낀다. 언제나 그러하듯이 한 권의 책을 세상에 내보낼 때는 두려움이 앞선다. 조금 더 좋은 책을 만들 수도 있었을 텐데 하는 아쉬움과, 필자의 부족한 지식과 기술로 독자에게 큰 도움이 되지 못하는 것은 아닌가 하는 염려 때문이다. 이 점은 늘 필자를 응원해주시고 독려해주시는 독자들의 사랑과 따끔한 지적을 믿고 끊임없이 수정·보완해나갈 것을 약속드린다.

2018년 2월 봄이 오는 길목에서
저자 올림

차례

머리말　4

개미취　10
갯기름나물　15 
갯방풍　21 
구릿대　26 
금낭화　32 
기린초　36 
단삼　40 
더덕　46 
도라지　54 
독활　59 
두릅나무　64 
둥굴레　68 
머위　73 
민들레　79 
부추　83 
산마늘　88 
삽주　95 
석잠풀　100

쇠무릎 104
쑥 109
씀바귀 113
알로에 119
양하 123
엉겅퀴 127
연 131
오갈피나무 135
옻나무 139
왜당귀 143
우엉 149
원추리 153
음나무 157
인삼 161
잔대 169
질경이 173
참당귀 178
참취 183
천궁 187
초피나무 192
피마자 196
헛개나무 200
호박 204
참고문헌 208

개미취

Asteris radix

과 명	국화과(Compositae)
학 명	*Aster tataricus* L. f.
생약명	자완(紫菀)
이 명	들개미취, 애기개미취, 청완(靑菀), 자영(紫英), 자채(子菜)
분포 및 주산지	우리나라의 경기, 경남, 강원도에 분포한다.
유사종	벌개미취(*A. koraiensis*), 좀개미취(*A. maackii*)

개미취_지상부

개미취_줄기

개미취_꽃

[생김새] 여러해살이풀로 근경은 짧고 많은 잔뿌리가 한데 붙어 나며, 줄기는 곧게 서고 높이가 약 1.5~2m이다. 뿌리로부터 나오는 잎은 모여 나며, 대형이고 장타원형으로 잎자루가 있다. 잎줄기(경엽)는 협소하며 어긋나고 끝이 날카로우며, 잎밑이 날카롭고, 성기게 날카로운 톱니가 있다. 꽃은 엷은 자색으로 8~9월에 피며, 머리 모양의 꽃차례는 갈라진 가지 위에 달리며, 산방(繖房) 꽃차례이다. 꽃의 안쪽은 황색이며, 꽃 가장자리는 백색이고 뻣뻣하고 억센 털 모양이다. 열매는 이삭 모양으로 길이 3mm 정도이고 이삭 털의 길이는 6mm가량이다.

재배방법

재배적지
- 개미취는 원래 야생종이므로 생육 적응성이 강하여 기후상으로는 우리나라 각지에서 재배가 가능하지만, 따뜻하고 습윤한 지역의 부드럽고 비옥하며 습윤한 사질토양에서 잘 자란다.

번식 및 증식
- **번식** : 직파재배, 육묘이식재배, 묘두번식법 등으로 번식한다.

- **직파재배** : 두둑을 100~120㎝로 만들고 이랑 사이는 30㎝ 정도의 간격으로 골을 친다. 줄뿌림을 하고 종자가 보이지 않을 정도로 흙을 덮은 다음 건조를 막기 위하여 짚이나 차광망으로 덮는다. 파종량은 10a당 3.6L 정도가 적당하다. 늦가을에 파종하는 것이 발아율은 좋으나 여건에 따라서 봄에 파종하기도 한다.

개미취_뿌리(종근)

- **육묘이식재배** : 종자를 육묘상에 파종하여 1년간 키운 다음 본 밭에 정식하는 방법으로서, 노력은 많이 소요되나 좋은 품질의 약재를 생산할 수 있다. 본 밭 면적 10a당 약 90㎡ 정도의 육묘상을 준비하는데, 묘의 크기에 따라 차이는 있으나 40㎏ 정도의 종근이 필요하다. 육묘상 준비는 밭을 갈아서 잘 고른 후 15㎝ 간격으로 잔골을 치고 종자 1.5~1.8L 정도를 줄뿌림한 후 종자가 보이지 않을 정도로 흙을 덮고 짚이나 차광망을 덮어 발아를 돕는다. 60% 정도가 발아되면 차광망을 걷어주고 비배관리하면서 1년간 생육시킨 후 가을에 본 밭에 정식한다.

개미취_본 밭에 심어진 모습

- **분주번식법** : 가을철 수확할 때 뿌리를 분리하여 나누어서 심는 방법이다. 가을철 수확 직후인 10월 중·하순 또는 봄철 4월 초순에 실시하는데 본포 10a에 묘두 20㎏ 정도가 필요하다. 활착과 번식이 쉬운 반면 대면적 재배의 경우 종근의 준비가 어려운 단점이 있다. 재식거리는 밭을 갈고 정지한 다음 두둑을 만들어 이랑 사이 36㎝, 포기 사이 18㎝를 두고 종근의 눈 있는 부분을 위로 놓고 고랑 한쪽에 기대어 눈이 약간 묻힐 정도로 덮고 그 옆을 가볍게 밟아준다.

주요관리
- **직파재배** : 파종 후 발아가 되면 밀식된 곳은 솎아주어 포기 사이가 12㎝ 정도가 되도록 재식거리를 조절하여 재배하고, 수확은 2년째 가을에 실시한다.

- **육묘이식재배** : 정식 후 관리는 직파법과 동일하게 한다.
- **제초작업** : 얕은 사이갈이와 제초작업을 겸해서 김매기를 하며 항상 토양 내 수분이 유지될 수 있도록 물을 관리한다. 밑거름을 충분히 주고 3~4회 웃거름을 준다. 키가 커서 잘 쓰러지기 때문에 가정에서 키울 때는 키가 작은 좀개미취나 벌개미취를 재배하는 것이 좋다.
- **병해충 방제** : 원래 야생종으로 재배 시 병해충은 별로 문제가 되지 않으나 엽반병이 발생했을 경우에는 석회보르도액을 살포하고 굼벵이를 방제한다.
- **거름주기** : 본 밭에는 밑거름으로 퇴비 800㎏, 과석 40㎏, 초목회 60㎏을 주고 밭을 갈아 정식한다. 추비로는 묘두번식이나 육묘이식재배는 싹이 터서 잎이 5~6㎝ 정도로 컸을 때 사용하고 직파재배 시에는 잎이 3~4매 정도 나왔을 때 1회 주고 그 후 8월 중순경에 다시 추비를 하는데 복합비료 40㎏ 정도를 준다.
- **생장관리** : 개미취는 환경에 대한 적응성이 강하며 특히 습해에 대해 비교적 강한 식물로서 관리에 특별한 어려움은 없다. 육묘이식을 한 경우 8~9월이면 땅속으로 기는 뿌리줄기가 전면에 엉키고 새 잎줄기가 발생하여 지하에는 뿌리가, 지상부에는 잎줄기가 밀생하여 이랑과 포기 사이를 구분하기 어려울 정도가 된다. 또한 직파한 것은 1년을 더 키우면 육묘이식재배나 분주번식재배를 한 것과 같이 된다.
- **꽃대 제거** : 가을이 되어 꽃자루가 나오면 꽃이 개화하기 전에 제거하여 뿌리의 발육을 촉진한다.

[**성분**] 쉬노논(shionone), 에피프리델리놀(epifriedelinol), 프리델린(friedelin), 아스테라포닌(astersaponin), 케르세틴(quercetin), 라크노필롤(lachnophyllol), 라크노필로아세테이트(lachnophyllolacetate), 아네톨(anethole), 정유를 함유한다.

개미취_쌈채소로 사용하기 적당한 잎

개미취_밀식된 개미취(숲음용)

개미취_장아찌용

개미취_채취하기 적당한 시기

식용부위 및 조리법

- 이른 봄철 어린잎을 데쳐 나물로 이용하기도 한다.
- 잎을 말려서 밥을 지어 먹을 수도 있다.
- 장아찌로 담가 먹을 수 있다.
- 쌈채소나 샐러드로 이용할 수도 있다.
- 개인의 식성과 취향에 따라 다양한 요리로 즐길 수 있다.

개미취의 효능

폐를 윤활하게 하여 기를 잘 내리게 하고, 가래를 삭이고 기침을 멎게 하며, 해수(咳嗽)를 다스리고, 성행위를 지나치게 많이 하여 발생한 해수나 기침을 다스린다. 최근에 개미취 성분이 발암물질의 활성을 43~98% 정도 억제한다는 보고가 있어, 관심을 끌고 있다.

갯기름나물

Peucedani radix

과 명	산형과(Umbelliferae)
학 명	*Peucedanum japonicum* Thunb.
생약명	식방풍(植防風)
이 명	미역방풍, 개기름나물, 산방풍, 목방풍(牧防風), 모방풍(牡防風)
분포 및 주산지	제주, 전남, 전북, 경남의 바닷가 등지에 분포한다.
유사종	갯기름나물은 『대한약전외한약(생약)규격집』에 식방풍으로 수재되어 있으며, 『대한약전』에는 방풍(*Saposhnikovea divaricata* Schiskin:방풍)과 갯방풍(*Glehnia littoralis*:해방풍)으로 수재되어 있다. 중국에서는 갯방풍이 북사삼으로, 일본에서는 빈방풍으로 수재되어 있다.

갯기름나물_전초

갯기름나물_줄기

갯기름나물_꽃

[생김새] 여러해살이풀로 2년생이며 50~90㎝ 정도로 곧게 자라고 뿌리는 비대한 편이다. 잎은 호생(互生:어긋나기)하며 2~3회 우상(羽狀:깃꼴)복엽(複葉:겹잎)으로서 소엽은 도란형(倒卵形:거꿀달걀 모양)으로 두터우며 큰 톱니가 있다. 6~8월에 백색 꽃이 피며 복산형 화서이고 꽃받침의 톱니는 짧은 삼각형이고 비교적 뚜렷하다. 꽃잎은 5개이고 백색이며 도란형이고 선단은 오목하게 안쪽으로 감겨 있다. 열매는 현수과(懸垂果)로 타원형이며 성숙기는 8~9월이다. 뿌리의 외관이 원추형 또는 방추형이며 뿌리 길이는 5~15㎝, 근직경 1~3㎝이고 드문드문 적갈색 피목이 있다. 형성층이 뚜렷하고 곁뿌리가 2~4개가 있고 단단하다.

재배방법

재배적지
- 방풍이 서늘한 기후를 좋아하는 반면 갯기름나물과 갯방풍은 비교적 따뜻한 중남부 지방에서 잘 자라므로 중남부의 해안가가 재배적지이다. 갯방풍은 습기 유지가 잘 되는 사질양토나 미사질양토에서 잘 자란다. 돌이 많이 있는 땅에서는 곁뿌리의 발생이 많다.

품종
- 방풍류 중 우리나라에서 육성된 품종은 경북농업기술원에서 육성한 식방풍 1호가 있는데 뿌리가 직립 원추형으로 특히 탄저병에 강하며 습기나 더위에 견디는 성질이 강하고, 쓰러짐에도 강한 품종 특성을 가진다.

갯기름나물_종자

번식 및 정식
- 방풍류는 주로 종자를 이용한 실생번식을 하는데, 방풍과 갯기름나물은 직파재배와 육묘이식재배를 하며 갯방풍은 주로 직파재배를 한다.

가. 직파재배
- 갯기름나물은 1년생으로 수확하고자 할 때는 비옥한 토양에 거름을 많이 주고 직파한다.

1) 파종기
- 재배방식에 따라서 무피복재배는 가을파종이 좋고, 봄파종을 할 경우에는 해동 즉시 파종하는 것이 좋다. 그러나 검정 비닐로 피복하여 재배하고자 할 때는 3월 하순경에 파종하는 것이 좋다. 가을파종은 10월 하순~11월 상순에, 봄파종은 3월 중·하순에 한다. 최근에는 트레이포트에 육묘하여 심기도 한다.

갯기름나물_비빔밥용(50일묘)

2) 파종량
- 10a당 종자 소요량은 3L 정도이다.

갯기름나물

3) 파종거리

- 두둑 사이를 40cm 정도로 하여 깊이 1cm 정도의 얕은 골을 치고, 15cm 간격으로 4~5알씩 점파하거나, 드물게 줄뿌림을 하기도 한다. 비닐피복 재배를 할 때는 두둑에 비닐을 피복한 후 구멍을 뚫고 파종한 다음 습기 유지를 위하여 젖은 톱밥 같은 것으로 파종 구멍을 덮어준다. 또 발아할 때까지 수분 유지를 위하여 볏짚이나 차광망을 덮어주었다가 발아가 되면 걷어낸다.

4) 솎음

- 싹이 난 후 본잎이 2~3매가 되면 15cm 정도의 간격으로 1본씩만 남기고 솎아준다.

나. 육묘이식재배

1) 육묘

- 토양이 비옥하지 않은 보통 밭에 150cm 내외의 넓은 두둑을 만들고 종자를 밀파한다. 파종 후 5mm 정도의 두께로 흙을 덮어주고 볏짚이나 차광망을 덮은 후 발아를 돕도록 충분한 양의 물을 준다. 발아하면 피복물을 제거하고 관리한다. 줄기의 지름이 5mm 정도 되는 가늘고 긴 묘를 생산하기 위하여 육묘상은 적당한 시비를 하고, 솎음을 가능하면 하지 않고, 생육을 억제시키면서 육묘하면 본 밭에 정식했을 때 꽃대가 올라오는 것(추대)을 방지할 수 있다. 육묘상의 파종은 가을파종보다 봄파종이 좋고, 본 밭 10a당 33㎡의 묘판 면적이 필요하다. 종자 소요량은 2L 정도이다.

2) 정식

- 정식은 3월 하순~4월 하순이 적기인데, 일찍 심으면 활착은 좋으나 추대(꽃대가 올라오는 것)되는 것이 많고, 늦게 심으면 활착률이 떨어지므로 사용목적에 따라서 그 시기를 조절한다. 정식방법은 너비 40cm 정도의 이랑을 만들고 모를 45° 각도로 하여 모 끝이 구부러지지 않도록 15~20cm 간격으로 심는다. 심는 요령은 묘두(苗頭)가 보이지 않도록 흙을 덮고 가볍게 눌러준 다음 건조를 방지하기 위하여 볏짚이나 건초, 차광망 등을 덮어준다.

3) 거름주기

- 토양의 비옥도와 재배지역의 기상 환경에 따라서 적절하게 거름을 주는데, 갯기름나물을 당년 수확을 목적으로 직파재배할 경우에는 밭갈이 전에 10a당 퇴비 1,000kg, 질소 10kg, 인산 12kg, 칼리 7kg을 골고루 뿌리고, 밭을 갈고 정지하여 전층시비가 되도록 한다. 웃거름은 8월 상순에 질소 10kg과 칼리 3kg을 준다. 질소질 비료를 너무 많이 주면 지상부 생육이 지나쳐 장마 후 흰가루병의 발생이 많아지므로 적정 시비를 하도록 주의한다. 특히 육묘이식재배를 할 때 질소질 비료를 밑거름으로 많이 주면 꽃대가 많이 올라와 뿌리 수량이 감소될 수 있으므로 뿌리약재 생산을 목적으로 재배를 할 경우에는 주의해야 한다.

주요 관리

1) 포장관리

- 직파재배를 할 때는 초기 생육이 늦어 잡초와 경쟁이 되어 생육이 위축되기 쉬우므로 3~4회에 걸쳐 제초작업을 해주어야 한다. 육묘이식재배를 할 때는 큰 잡초만 뽑고 북주기를 해준다. 또 꽃대가 올라오는 것은 종자 채취를 할 것을 제외하고, 뿌리 생산을 목적으로 하는 것은 보이는 대로 즉시 제거해준다.
- 하우스 재배를 할 경우 노지보다 밀식하고 봄부터 낫으로 베어서 4~6회 정도 수확할 수 있으며 2~3년간 수확이 가능하다.

2) 병해충 방제

- 크게 문제되는 병해충은 없으나 질소질 비료를 지나치게 많이 주면 지상부 생육이 너무 과하게 번성하여 장마 후 흰가루병이 발생될 수 있다.

[성 분] 뿌리 50g에 정유 0.5mL 이상을 함유하고, 그 외에 움벨리페론(umbelliferone), 베르갑톤(bergapton), 퓨세다롤(peucedalol), 퓨신(peucin), 아세틸안젤로일켈락톤(acetylangeloylkhellactone) 등을 함유한다.

[식용부위 및 조리법]
- 어린잎은 데쳐서 비빔밥, 나물용으로 이용한다.
- 개인의 식성과 취향에 따라 다양한 요리로 즐길 수 있다.
- 장아찌로 담가 먹을 수 있다.
- 쌈채소나 샐러드로 이용할 수도 있다.
- 갯기름나물은 연중 새잎이 계속 나오기 때문에 잎을 채취하는 기간이 길다.

갯기름나물_채취하기 적당한 시기

갯기름나물_장아찌

갯기름나물_장아찌 담그기 적당한 시기

갯기름나물_채취한 잎

[갯기름나물의 효능] 피부 아래 머무르는 사기, 즉 표사(表邪)를 밖으로 배출하는 발표(發表), 풍사를 제거하는 거풍(祛風), 통증을 멎게 하는 지통(止痛) 등의 효능이 있다. 감기로 인하여 발생하는 발열 증상인 감모발열(感冒發熱), 두통(頭痛), 안면신경마비(顔面神經痲痺), 신경통(神經痛), 중풍(中風), 습진(濕疹) 등을 치료한다.

[참고사항] 중국에서는 *Saposhnikovia seseloides*의 뿌리를 방풍(防風)으로 쓰지만 우리나라에서는 *Peucedanum japonicum*(식방풍植防風)의 대용으로 쓰고 있다.

갯방풍

Glenniae radix cum rhizoma

과 명	미나리과(Umbelliferae)
학 명	*Glehnia littoralis* F. Schmild ex Miq.
생약명	해방풍(海防風)
이 명	북사삼(北沙蔘), 빈방풍(濱防風), 갯향미나리, 방풍나물, 해사삼(海私蔘), 화방풍(和防風)
분포 및 주산지	전국의 해안가 모래땅에 자란다.
유사종	갯기름나물(*Peucedanum japonicum*)

갯방풍_지상부

갯방풍_줄기

갯방풍_종자

[생김새] 여러해살이풀로 10~30㎝ 정도 자라며 전체에 흰 털이 촘촘히 있다. 바닷가 모래땅에서 자라며 주근은 원추형으로서 가늘고 더덕 뿌리와 비슷한 가로 주름이 있다. 줄기가 없고 뿌리에서 바로 나오는 근생엽(根生葉)은 잎자루가 길며 삼각형 또는 난상 삼각형이고 2~3회 우상(羽狀:깃꼴)으로 갈라진다. 잎은 서로 어긋나게 자라는데 2번 깃털 모양으로 갈라지고 살이 두터우며 끝이 뭉뚝하고 가장자리에는 결각과 작은 톱니가 있고 광택이 난다. 6~7월에 백색 꽃이 피며 복산형 화서이고 꽃차례의 지름은 15㎝ 안팎이며 꽃잎은 5장이다. 열매는 둥글며 밀착

하고 길이는 4㎜로 긴 털로 덮여 있으며, 껍질은 코르크질이고 능선이 있다. 성숙기는 7~8월이다. 뿌리는 원주형이며 길이 10~20㎝, 뿌리 굵기 5~15㎜이고 뿌리줄기에 가로 주름의 돌림마디가 있다.

재배방법

재배적지
- 바닷바람이 부는 해변의 바위틈이나 모래땅, 습기가 잘 유지되는 곳이 적합하다.
- 토질은 사질양토나 미사질토의 습기가 잘 유지되는 곳에서 잘 자란다.

번식
- **번식** : 번식은 종자로 번식한다.
- **파종** : 당년 7~8월에 성숙된 종자를 채취하여 마르지 않게 보관하였다가 가을에 파종하거나 채취한 종자를 바로 뿌려 짚으로 덮어준다. 마른 종자를 오래 두었다가 파종하면 발아율이 크게 떨어진다.
- **파종량** : 10a당 10L를 파종하고 골 간격은 30㎝ 정도로 줄뿌림한다.
- 기타 재배 방법은 〈갯기름나물〉을 참고한다.

갯방풍_발아

주요관리
- 본엽이 2~3개 전개될 때 생육이 좋은 것으로 10㎝ 사이에 1포기가 남도록 속아준다.
- 겨울에도 춥지 않은 곳에는 하우스를 설치하여 간단한 보온 방법으로 재배 가능하다.
- 김매기는 2~3회 정도 하여 어릴 때 잡초에 묻히지 않도록 관리한다.
- 시비량은 10a당 질소 15㎏, 인산 15㎏, 칼리 15㎏, 퇴비 1,000㎏을 시용한다.
- 기타 주요 관리법은 〈갯기름나물〉을 참고한다.

갯방풍_정식된 모습(3년생)

[성분] 정유를 함유하여 특이한 냄새가 있으며, 맛은 약간 달다. 또 뿌리에는 펠롭테린(Phellopterin), 소랄렌(psoralen), 임페라토린(imperatorin), 베르갑텐(bergapten), 퓨세다놀(Peucedanol), 페트로셀릭산(petroselinic acid), 베타시토스테롤(βsitosserol) 등 14종의 쿠마린 및 쿠마린 배당체를 함유하고, 폴리아세틸렌 복합체(polyacetylene compound), 지방산 등을 함유한다.

[식용부위 및 조리법]
- 어린 홍자색 잎자루와 잎을 생선회와 같이 쌈채소로 먹는다.
- 데쳐서 나물로 이용한다.
- 샐러드, 볶음요리, 튀김 등으로 식용한다.
- 장아찌로 담가 먹을 수 있다.
- 개인의 식성과 취향에 따라 다양한 요리로 즐길 수 있다.

갯방풍_본 밭에 정식된 상태

갯방풍_채취하기 적당한 시기

갯방풍_잎 생김새

갯방풍_잎 뒷면

[갯방풍의 효능]

발한(發汗:땀 내기), 해열(解熱:열 내림), 진통약(鎭痛藥)으로 감기 등에 효능이 있다. 방풍의 대용품으로 같은 목적으로 쓰며 식물의 모습은 뚜렷이 다르나 뿌리 모양은 비슷하다. 폐조건해(肺燥乾咳:폐 기운이 건조하여 마른기침이 나오는 증상), 기관지염(氣管支炎), 감모(感冒:감기), 구갈(口渴), 열병상진(熱病傷津:열병으로 진액이 손상되는 증상), 허로구해(虛勞久咳:허로로 인한 오래된 기침), 음상인건(陰傷咽乾:음기가 손상되어 인후부가 건조된 증상)을 치료한다.

구릿대

Angelicae dahuricae radix

과 명	산형과(Umbelliferae)
학 명	*Angelica dahurica* Bentham et Hooker f.
생약명	백지(白芷)
이 명	구리때, 구리대, 통소대, 방향(芳香), 향백지(香白芷)
분포 및 주산지	전국에 재배되며 특히 북부의 개울 기슭의 습한 곳에서 자란다.
유사종	개구릿대(*A. anomala*)

구릿대_지상부

구릿대_줄기

구릿대_꽃

[생김새] 여러해살이풀로 높이는 1~2m이고, 뿌리는 굵으며 곧게 뻗는다. 줄기 아래쪽의 잎은 대형으로 달걀형 내지 삼각형이며 1~3회 삼출 또는 깃 꼴(羽狀:우상)로 갈라진다. 최종 열편은 원형이거나 긴 원형이고 엽맥에 부드러운 털이 있으며 줄기의 위쪽 잎은 퇴화되어 엽초를 이룬다. 복산형 화서로 총포가 없거나 1~2편 있는데 총상이다. 총화경의 길이는 10~30㎝, 소총포는 14~16편이다. 꽃은 백색이고 수술은 5개이며, 화주는 2개이다. 열매는 분과로 편평한 타원형이고 길이 8~9㎜이고 가장자리의 것은 날개 모양이다. 뿌리는 짧은 주근으로부터 많은 긴 뿌리가 갈라져서 대체로 방추형을 이루고 뿌리 길이는 10~25㎝이며 바깥 면은 회갈색 또는 어두운 갈색을 띤다. 근두부에 약간의 엽초가 남아 있고 좁게 두드러진 돌

림마디가 있다. 뿌리에는 세로주름과 세로로 두드러진 여러 개의 가는 뿌리 자국이 있다. 횡절면의 주변은 회백색으로 빈틈이 많고, 중앙부는 어두운 갈색을 띤다. 이 약은 특이한 냄새가 있고 맛은 약간 쓰다.

재배방법

재배적지
- 환경 적응성이 강하여 어느 지방에서도 재배할 수 있다. 토질은 깊고 부드럽고 비옥하며 물 빠짐이 잘되는 사양토나 식양토가 알맞다. 산기슭이나 시냇가 등 여름철에 수분 유지가 잘 되고 햇볕이 충분히 드는 곳에서 자생하는 경우가 많다.

가. 기후
- 백지는 내한성이 강하고 생장력이 우수하여 우리나라 어느 곳에서나 재배가 가능하지만 서늘한 기후를 좋아하므로 중북부 이북 지방에서의 재배가 유리하다.

구릿대_종자

나. 토양
- 토양은 사양토 또는 양토로서 토심이 깊고 유기물 함량이 많으며 물 빠짐이 잘 되는 곳이 좋다. 모래땅에서는 가는 뿌리가 많이 발생하고 진흙에서는 뿌리가 제대로 자라지 못한다. 연작하면 발육이 좋지 않고 수량이 크게 감소한다. 그러므로 한 번 심었던 밭에는 2~3년간 다른 작물을 심어야 한다.

구릿대_봄철 생장 모습

품종
- 일반적으로 각 지역 산야에 자생되고 있는 것을 순화시킨 지방 재래종이 재배되고 있는 실정이다. 1995년 경북농업기술원에서 지방 재래종을 수집하여 선발 육성한 백지 1호(영주백지)가 보급되고 있다. 생육이 왕성하고 수량이 높으며, 병해충에도 강한 특성을 가진다. 주로 경상북도 백지 재배지역에 잘 적응하는 품종으로 보급되었다. 종자는 2~3년생의 병해나 충해, 또는 다른 재해를 받지 않은 건실한 포기에서 성숙된 종자를 채종하여 사용한다. 채종된 종자는 잘 건조시켜 종이 봉지나 마대에 담아 습기가 없는 곳에 보관한다.

재배법

– 재배방법은 직파재배와 육묘이식재배를 한다. 직파재배는 생력화는 되지만 수량성은 떨어진다. 육묘이식재배는 육묘이식의 노력비가 많이 드나 수량성이 높다.

가. 파종기

– 재배지역에 따라 파종기가 다르며, 중북부지역에서는 가을파종을 주로 하고 중남부지역에서는 봄파종을 한다. 가을파종을 하면 봄파종을 하는 것보다 발아율이 높아 유리하다. 가을파종은 10월 하순~11월 상순, 봄파종은 3월 하순경이 적기이다. 파종기가 늦어지면 발아와 생육이 늦어져 수량이 감소된다. 따라서 가능하면 일찍 파종하는 것이 좋다.

나. 번식방법

– 종자번식과 육묘이식을 주로 한다.

1) 직파재배

– 봄에 파종하여 당년 가을에 수확하는 경우에는 골 사이 30㎝, 포기 사이 10㎝로 3~4립씩 점파했다가 본잎이 2~3매 전개될 때 솎음질하여 건실한 것으로 1주를 남겨놓는다. 밀식하면 수량은 증가하나 품질이 떨어지고 규격품 생산이 어려우므로 적정 재식거리를 유지해야 한다.

2) 육묘이식재배

– 육묘는 3월 중하순에 120㎝의 두둑을 만들고, 20~25㎝ 간격으로 줄뿌림한다. 복토는 얇게 하고 짚으로 피복한다. 정식은 3월 중하순에 60×30㎝ 정도로 1주 1본으로 심는다. 직파는 3월 중순에 120㎝의 두둑을 만들고 30㎝ 간격으로 줄뿌림한다. 출아 후 2~3회 솎음 작업으로 포기 사이가 10㎝가 되도록 한다. 육묘이식 재배방법은 수량성은 증가되지만 노동력이 많이 소요되어 잘 이용되지 않는다.

주요관리

1) 비닐피복재배

– 백지는 약간 서늘한 기후에서 생육이 좋으므로 투명비닐 피복을 하면 지온이 상승하여 생육이 저해되기 때문에 무피복 재배에 비해 수량이 감소한다. 그러나 흑색 비닐을 피복하면 고온기 최고기온이 무피복 재배지보다 낮고 토양의 습도 및 공극이 유지되어 뿌리가 잘 비대하고 수량이 늘어난다.

2) 거름주기

– 직파재배는 당년에 수확해야 하므로 비교적 비옥한 땅에 거름을 많이 주어 뿌리의 비대가 잘 이루어지도록 해야 한다. 뿌리의 비대생육이 좋지 못해 당년에 수확을 하지 못하게 되면 뿌리

가 굵은 것(뿌리직경 0.8cm 이상)은 거의 추대하여 뿌리가 목질화되므로 상품가치가 없어진다. 시비량은 10a당 질소 13kg, 인산 12kg, 칼륨 6kg과 퇴비 1,200kg 이상을 밭갈이하기 전에 시비한다. 120cm 두둑을 만들고 30×10cm 간격으로 점파한다. 질소비료는 웃거름으로 6월 하순과 9월 중순의 2회에 걸쳐 6.5kg씩 추비로 사용한다.

3) 솎음 및 중경제초
- 본엽 2~3매 시 생육상태가 좋은 것으로 10cm 사이에 1포기가 남도록 솎아준다. 잡초와의 경합으로 백지의 생육이 저해되지 않도록 김매기를 2~3회 정도 한다. 김매기를 할 때 북주기도 겸해서 실시한다.

4) 병해충 방제
① 병해 : 주로 발생되는 병은 습기가 많은 곳에서 균핵병이 발생된다. 발병 초기에 발견되는 포기는 뽑아서 제거하고 더 이상 병이 확산되지 않도록 하고 배수를 철저히 한다. 7~8월 장마기에 지상부 생육이 왕성해지면 흰가루병의 발생이 심하다. 예방 위주로 방제를 해야 하며, 품목고시된 농약은 없다.

② 충해 : 심식충, 야도충, 진딧물이 발생하는 경우가 있다. 심식충과 야도충은 토양살충제를 파종 전에 전 포장에 살포하고 진딧물은 방제 약제를 교호로 뿌려주면 방제가 되는데, 품목고시가 되어 있지 않으므로 농약이 잔류되지 않도록 해야 한다.

약재 수확 및 조제

1) 수확
- 11월 중·하순에 땅이 얼기 전에 해야 한다. 수확방법은 지상부를 베어내고 뿌리가 상하지 않도록 잘 캐서 뿌리의 흙을 털고 물에 깨끗이 씻어 햇볕에 말린다. 어느 정도 말라 부드러워지면 손질하여 뿌리를 곧게 펴고 잔뿌리를 모아서 형태를 잡은 후 크기별로 선별하여 적당한 크기로 묶어서 다시 완전히 건조시킨다.

2) 제조
- 수확 후 뿌리가 어느 정도 건조되어 부드러워지면 손질하여 뿌리를 곧게 펴고 잔뿌리를 한곳에 모아 형태를 잡은 후 크기별로 선별하여 적당한 크기로 묶어서 다시 완전히 건조시킨다. 40℃에서 27시간 정도 건조시키면 된다.

[**성 분**] 비야캉겔리신(byakangelicin), 비야캉겔리콜(byakangelicol), 임페라토린(imperatorin), 옥시퓨세다닌(oxypeucedanin), 마르메신(marmecin), 스코폴레틴(scopoleten), 크산토톡신(xanthotoxin), 이소비야캉겔리콜(lsobyakangelicol) 등을 함유한다.

구릿대_잎

구릿대_나물로 채취하기 적당한 시기

식용부위 및 조리법

- 어린잎을 채취하여 쌈채소 또는 데쳐서 나물로 이용한다.
- 장아찌로 담가 먹을 수 있다.
- 쌈채소나 샐러드로 이용할 수도 있다.
- 개인의 식성과 취향에 따라 다양한 요리로 즐길 수 있다.
- 약간 매운맛이 특징이다.

구릿대의 효능

거풍(祛風:풍사를 제거함), 제습(祛風除濕:풍사와 습사를 제거함), 소종(消腫:종기나 부스럼을 삭임), 배농(排膿:농을 배출함), 진정(鎭靜), 진통(鎭痛)의 효능이 있다. 두통(頭痛), 치통(齒痛), 신경통(神經痛), 복통(腹痛), 적백대하(赤白帶下), 대장염(大腸炎), 개선(疥癬:옴)을 치료한다.

금낭화

Dicentrae radix

과 명	현호색과(Fumariaceae)
학 명	*Dicentra spectabilis* (L.) Lem.
생약명	하포목단근(荷苞牧丹根)
이 명	며느리주머니, 등모란, 토당귀(土當歸)
분포 및 주산지	우리나라에는 설악산 지역에서 야생상으로 자라지만 전국 각지에 분포하며 흔히 관상용으로 심는다. 돌각담이나 돌무덤에서도 잘 자란다.
유사종	흰금낭화(*D. spectabilis*)

금낭화_잎

금낭화_줄기

금낭화_꽃

[생김새] 여러해살이풀로 높이는 30~60㎝이고 뿌리줄기는 굵고 단단하다. 잎은 마주나며 긴 자루를 가지고 있다. 3회 우상익상복엽(三回羽狀翼狀複葉)으로서 작은잎은 도란형(倒卵形:거꿀달걀 모양)이고 깊게 갈라지며 흰빛이 도는 녹색을 띤다. 5~6월에 분홍색 꽃이 피며 총상화서가 정생(頂生)하며 꽃이 한쪽에 달린다. 꽃잎은 4개가 모여서 볼록한 심장형으로 되고 바깥꽃잎 2개는 길이 2㎝ 정도로 밑부분이 주머니같이 되며 끝이 좁아져서 밖으로 젖혀지고 안쪽 꽃잎 2개는 합쳐져서 돌기처럼 된다. 수술은 6개가 둘로 뭉치며 암술은 1개이다. 심장 모양의 꽃이 주머니 모양으로 생겨 금낭화라 부르며, 아래로 드리워져 핀다. 종자가 익는 시기는 6~7월이다.

재배방법

재배적지
- 배수가 잘 되는 점질양토에서 잘 자라지만 반그늘에서 키우는 것이 여름에 잎이 덜 마른다. 한여름에는 그늘을 만들어주면 좋다.

번식 및 정식
- **번식** : 종자번식은 초가을(8~9월)에 한다. 어린 묘의 생육을 좋게 하기 위해서는 차광을 하여 반그늘을 만들어준다. 꺾꽂이는 6월 생육기에 새로 자란 가지를 잘라서 그늘을 만들어 관리하면 발근이 된다. 포기나누기 방법은 가을철이나 이른 봄에 묵은 포기를 캐서 갈라 심는다.
- **정식** : 포트에 육묘하였거나, 분주(포기나누기)한 것은 비닐을 피복한 밭에 30cm 간격으로 정식하여 관리한다.

금낭화_열매꼬투리

주요관리
- 종자 발아한 어린 포기는 잡초에 묻힐 수 있으므로 파종상을 만들어서 관리하거나 1~2년간은 잡초를 제거하여 생육에 지장을 받지 않도록 관리한다.
- 원예용 복합비료를 봄부터 꽃 피기 전 20일경까지 2차례 준다. 절화용으로 재배할 때는 바람에 쓰러지지 않도록 주의한다.

금낭화_포기나누기 할 수 있는 눈

약재 수확 및 조제
- 가을철에 뿌리를 채취하여 햇볕에 말린다.

[성 분] 크립토파인(cryptopine), 프로토파인(protopine), 산귀나린(sanguinarine), 콥타이신(coptisine), 켈러리스린(chelerythrine), 켈리루빈(chelirubine), 켈리루틴(chelirutine), 켈리안시오폴린(chelianthifoline), 스쿨레린(scoulerine), 레티쿨린(reticuline) 등이 함유되어 있다. 크립토파인(cryptopine)은 아편에 들어 있는 미량성분의 하나이나 의약품의 파파베린(papaverine)에 함유된 양은 4%에 달한다.

금낭화_채취하기 적당한 시기

금낭화_어린잎

식용부위 및 조리법
- 어린잎을 데쳐서 물에 충분히 우려낸 뒤 나물로 무쳐먹을 수 있다.
- 장아찌로 담가 먹을 수 있다.
- 개인의 식성과 취향에 따라 다양한 요리로 즐길 수 있다.

금낭화의 효능
거풍(祛風:풍사를 제거함), 활혈(活血:혈액순환을 촉진함), 소종(消腫:종기를 삭임), 소창독(消瘡毒:창독을 없앰), 해독(解毒)의 효능이 있다. 질타손상(跌打損傷:타박상), 옹종(擁腫)을 치료한다.

금낭화 35

기린초

Sedi kamtschatici herba

과 명	돌나물과(Crassulaceae)
학 명	*Sedum kamtschaticum* Fisch. & Mey.
생약명	비채(費菜)
이 명	백삼칠(白三七), 마삼칠(馬三七), 양심초(養心草), 넓은잎기린초
분포 및 주산지	전국의 산지 바위 표면에 붙어서 자란다.
유사종	섬기린초(*S. takesimense*), 가는기린초(*S. aizoom*)

기린초_잎 생김새

기린초_줄기

기린초_꽃

[생김새] 여러해살이풀로 산지의 바위 표면에 붙어서 자라고 높이는 5~30㎝로 뿌리가 굵으며 육질이다. 잎은 어긋나고 도란형(倒卵形:거꿀달걀 모양) 또는 넓은 거꿀바늘 모양이며 끝이 둥글고 밑부분이 점차 좁아져서 원줄기에 직접 달린다. 잎의 길이는 2~4㎝, 너비는 1~2㎝로서 양면에 털이 없고 가장자리에 약간 둔한 톱니가 있다. 꽃은 6~7월에 줄기 끝에 취산꽃차례로 자잘한 노란색 꽃이 모여 달려서 전체적으로 커다란 꽃송이를 만든다. 작은꽃들은 5장의 작은 꽃잎으로 이루어져 있는데 꽃잎의 끝은 뾰족하다. 수술은 10개이고 암술은 5개이다. 열매는 골돌로 별 모양으로 배열되는데, 익으면 붉은색을 띤다.

재배방법

재배적지
- 배수가 잘 되며 다소 건조한 곳, 산지의 바위 위에서 잘 자란다.

번식
- **번식** : 줄기를 이용한 삽목(꺾꽂이)과 포기나누기를 하며, 종자는 9~10월에 결실되는데 워낙 미세하기 때문에 씨방 전체를 받아서 정리해야 한다. 포기나누기는 이른 봄에 큰 포기를 갈라 심는다.
- **파종** : 종자는 바로 화분이나 화단에 뿌리거나 종이에 싸서 냉장보관하여 이듬해 봄에 뿌린다. 종자 발아율도 매우 높고 5~6월에 삽목(꺾꽂이)을 했을 때도 뿌리가 잘 생성되는 품종이어서 대량 생산에 적합한 품종이다.

기린초_줄기와 잎

주요관리
- 화분이나 화단에 심고 직사광이 많이 들어오는 곳은 가급적 피한다. 처음 잎은 작지만 여름에는 커지기 때문에 공간을 잘 배치하는 것이 좋다. 물은 자주 주지 않아도 좋으며 3~4일 간격으로 준다.

약재 수확 및 조제
- 6~7월 개화기에 잎을 수확하여 햇볕에 말리거나 생으로 사용한다.

기린초_화분에 심어진 모습

성분

전초에는 애스쿨린(aesculin), 마이리시트린(myricitrin), 하이페린(hyperin), 이소마이리시트린(isomyricitrin), 고시페틴(gossypetin), 고시핀(gossypin), 케르세틴(quercetin), 캠페롤(kaempferol) 등이 함유되어 있다.

식용부위 및 조리법

- 봄철에 어린순은 나물로 먹으며 지상부의 어린 잎줄기는 산나물이나 묵나물로 이용한다.
- 뿌리는 구황식품으로 이용한다.
- 장아찌로 담가 먹을 수 있다.
- 개인의 식성과 취향에 따라 다양한 요리로 즐길 수 있다.

기린초_새순

기린초_채취하기 적당한 시기

기린초의 효능

활혈(活血:혈액순환을 촉진함), 지혈(止血), 이수(利水:소변을 잘 누게 하는 작용), 진정(鎭靜), 소종(消腫:종기나 부스럼을 삭임), 해독(解毒)의 효능이 있다. 토혈(吐血:피를 토함), 변혈(便血), 뉵혈(衄血:코피), 붕루(崩漏), 심계항진(心悸亢進), 정충(怔忡:히스테리), 질타손상(跌打損傷:타박상), 옹종(癰腫:기혈이 사독에 의해 막힘으로 인하여 국소가 종창하는 증상)을 치료한다.

단삼

Salviae miltiorrhizae radix

과 명	꿀풀과(Labiatae)
학 명	*Salvia miltiorrhiza* Bunge
생약명	단삼(丹蔘)
이 명	극선초(郄蟬草), 목양유(木羊乳), 분마초(奔馬草), 산삼(山參), 적삼(赤參), 축마(逐馬), 홍근(紅根)
분포 및 주산지	전국의 산지 바위 표면에 붙어서 자란다.
유사종	전국에서 재배한다.

단삼_잎

단삼_줄기

단삼_꽃

[생김새] 여러해살이풀로 높이 40~80㎝ 정도로 자라며 전체에 털이 많다. 잎은 마주나며 단엽 또는 2회 우상(羽狀:깃꼴)복엽(複葉)으로 잎자루가 길고 소엽은 1~3쌍이며 난형 또는 바늘 모양이고 예두이며 뒷면에 털이 밀생하고 둔한 톱니가 있다. 꽃대에 선모가 밀생하고 포는 선형 또는 바늘 모양이다. 꽃받침은 통 모양이고 자줏빛이 돌며 선모가 있다. 꽃통은 양순형이고 길이 2~2.5㎝로 아랫입술이 3개로 갈라지며, 갈라진 조각의 끝이 패고 가장자리에 잔톱니가 있다. 꽃이 필 때 수술이 길게 밖으로 나온다. 줄기는 네모지고 잔털이 빽빽하며 뿌리는 붉고 길다.

재배방법

재배환경

- 단삼은 산비탈 수풀 속, 골짜기 옆, 삼림 가장자리 등 햇빛이 충분하고 비교적 습한 지역에서 자생한다. 재배 분포가 비교적 넓으며 다양한 종류의 토양에서 모두 자랄 수 있다. 적응성이 강하고 햇볕을 좋아하며 따뜻하고 습한 환경을 좋아하는 식물이다. 햇볕을 잘 받을 수 있는 곳이면 전국에서 재배가 가능하다.

가. 기후

- 단삼의 재배적지는 해발 500m 내외의 산 구릉지로 연평균 기온 17℃, 연간 강우량 900~1,000mm, 상대습도 70~80% 정도에서 생장이 양호하다. 대체로 지온(5cm)이 10℃ 이상 되면 자라기 시작하는데 5월 하순~8월 말까지 평균 기온 20~26℃, 상대 습도 80% 내외가 지상부 생육에 가장 적합하며 이 시기에 가장 왕성하게 자란다. 평균기온이 10℃ 이하인 10월 말부터 11월 초에 지상 부분이 말라 시들기 시작한다. 추위에 견디는 능력은 비교적 강하여 첫서리를 맞아도 잎은 녹색을 띤다. 잎은 -5℃ 정도의 저온에서도 짧은 기간은 견디며 기온이 -15℃ 정도이고 최대로 땅이 동결된 깊이가 40cm 정도일 때도 안전하게 월동할 수 있다.

단삼_종자

단삼_채취한 뿌리

나. 토양

- 단삼의 뿌리는 60~80cm의 깊이까지 자랄 수 있으므로 토양층이 깊고 부드러운 사질양토가 뿌리 생장에 가장 유리하다. 모래가 너무 많거나 점토질이 너무 강한 토양은 생장에 불리하다. 토양에 모래가 너무 많으면 물을 보존하는 힘이 낮아 쉽게 가물기 때문에 싹이 트거나 어린 모종이 자라는 데 영향을 준다. 토양에 점토질이 많으면 공기가 잘 통하지 않고 배수가 불량하여 뿌리가 쉽게 썩으며 포기 전체가 말라서 고사한다. 토양 산도는 미산성에서 미염기성 토양까지 모두 자랄 수 있다.

번식방법

가. 품종

- 국립원예특작과학원 인삼특작부 약용작물과에서 2015년에 육성한 단삼 1호가 있으며, 재래종 대비 뿌리 수가 많고, 습해에 강한 내습성이며, 뿌리썩음병에 비교적 강하며 수량이 많다.

나. 번식법
– 번식은 종자번식과 분근번식, 삽목번식 방법 등이 있다.

1) 종자번식
– 직파재배와 육묘이식재배를 할 수 있다.

① 직파재배 : 4월 중순경 25×20㎝ 정도로 줄뿌림하거나 점파를 하는데 3~4㎜ 깊이로 고랑이나 구덩이를 파고 종자를 심은 뒤에 2~3㎜ 정도로 복토한다. 점파할 때는 각 구덩이에 5~6알씩 종자를 심는다.

② 육묘이식재배 : 3월 중에 육묘상에 종자를 줄뿌림한 후 고운 흙으로 2~3㎜ 정도 덮어주고 묘상이 마르지 않도록 물을 준다. 온도가 18~22℃가 유지되면 15일을 전후하여 발아하며, 10월에 본 밭에 정식한다.

2) 분근번식
– 10~11월 가을 수확 후나 3월 중·하순 봄 수확 후 바로 분근한다. 종근은 지름이 3㎜ 정도 되는 것으로 눈을 붙여서 분리 채취한다. 종근은 1년생 측근이 가장 좋고, 묘근은 6~7㎝ 깊이로 심되 이랑 폭 30㎝ 정도, 포기 사이 20~25㎝ 정도로 각 구덩이에 1주씩 심고 물을 충분히 준다.

3) 삽목번식
– 삽목시기는 6~7월에 단삼의 지상부를 10~15㎝로 절단하여 하부의 잎은 잘라버리고 삽수를 만든다. 삽목상은 줄 간격 15~20㎝, 포기 사이 8~10㎝로 하여 삽수가 1/3 정도 흙에 묻히도록 심고 충분히 물을 준 다음, 새 뿌리가 4~5㎝ 정도 자라면 본 밭에 이식한 뒤 차광을 하고 물을 주어 활착을 돕는다.

주요관리
– 여름철 장마기에 물이 고이지 않도록 하고 거름을 많이 주면 자람은 좋으나 뿌리의 발육이 나빠지므로 적절히 관리한다.

가. 거름주기
– 양지쪽에 위치한 토양층이 깊고 두꺼우며 배수가 양호한 사질양토를 택하여 재배하는데, 밑거름은 퇴비 혹은 유기질 비료 2,000㎏, 질소, 인산, 칼리비료를 $N_2O - P_2O_5 - K_2O = 6.3-4.8-10$㎏/10a로 시용한 후 밭을 깊이갈이하고 정지작업을 한다. 이랑 넓이 90㎝(고랑 넓이 60㎝)로 두둑을 만들어서 흑색 비닐로 피복하여 정식한다. 생육기간 중에 잡초 방제를 하고 2~3차 추비를 하는데 1차는 질소비료를 2.7㎏ 사용하고 2차, 3차 추비는 각각 인산 1.6㎏, 칼리 2㎏을 배합하여 뿌린다.

나. 채종

- 종자 파종 당년에는 약 25% 정도로 개화 결실되고 2년생은 전 식물체가 개화 결실되기 때문에 2년생에서 채종하는 것이 바람직하다. 2년생은 5월부터 꽃이 피기 시작하여 10월 이후까지 계속 개화한다. 종자는 6월 이후부터 결실하는데, 결실하는 대로 꽃대를 채취하거나, 꽃받침잎이 2/3가 누렇게 변하였으나 아직 마르지 않았을 때 꽃대를 몽땅 베어내 햇볕에 양건하여 종자를 수확하고 남은 종자는 다시 볕에 말린다. 묵은 종자는 발아율이 아주 낮아 쓸 수 없다.

다. 본 밭 관리

1) 잡초 방제

- 일반적으로 재배기간 중에 제초 작업을 3회 정도 해야 한다. 제1차 잡초 방제는 종자를 심어 출아한 후 묘의 높이가 약 6cm일 때 한다. 두 번째는 생육 초기인 6월경에 해주고, 세 번째는 7~8월경에 한다.

2) 추비(웃거름)

- 재배기간 중 잡초를 방제할 때 같이 추비를 주는데 1차 추비는 질소비료 위주로 하고 2차와 3차 추비는 인산, 칼륨비료를 배합하여 시용함으로써 뿌리 부분의 생장을 촉진시킨다.

3) 물관리

- 출아기에는 토양이 마르지 않도록 하며 가물 때는 제때 물을 주어 출아와 유묘생장에 유리하게 한다. 비가 올 때는 배수에 주의하고 장마기에는 배수로를 정비하여 뿌리가 썩는 것을 방지한다.

4) 병해충관리

- 주요 병으로는 엽반병, 균핵병, 근부병 등이 있고, 해충으로는 선충, 왕담배나방 등의 피해가 있으나 아직 품목고시된 농약이 없으므로 재배 환경을 개선하여 물리적 방제에 주력하고, 심한 경우 알맞은 약제를 선택하여 주의깊게 살포한다.

[성 분] 탄쉬논 I, II(tanshinone I, II), 디하이드로탄쉬논(dihydrotanshinone), 크립토탄쉬논(cryptotanshinone), 메틸탄쉬논(methyltanshinone)

단삼_조리에 사용하는 뿌리

단삼_어린잎

[식용부위 및 조리법]
- 뿌리를 도라지나 더덕 요리처럼 무쳐 먹는다.
- 튀김이나 구이로 이용하기도 한다.
- 장아찌로 담가 먹을 수 있다.
- 개인의 식성과 취향에 따라 다양한 요리로 즐길 수 있다.

[단삼의 효능] 활혈(活血:혈액순환을 촉진함), 청심제번(淸心除煩:심포의 열사를 제거함), 배농지통(排膿止痛:고름을 배출하고 통증을 멎게 함), 안신(安神:정신을 편안하게 함), 구어혈(驅瘀血:어혈을 몰아냄) 기능이 있다. 단삼의 추출물은 혈압강하와 진정 및 진통작용이 있다. 간염(肝炎), 심교통(心絞痛), 월경불순(月經不順), 월경통(月經痛), 혈분(血糞), 어혈복통(瘀血腹痛), 골절동통(骨節疼痛), 혈전(血栓), 혈관염(血管炎)을 치료한다.

[참고사항] 옛 문헌에는 삼의 종류가 5가지 나오는데, 인삼(人蔘)은 비경(脾經)으로 들어가는 황삼(黃蔘), 사삼(沙蔘)은 폐경(肺經)으로 들어가는 백삼(白蔘), 현삼(玄蔘)은 신경(腎經)으로 들어가는 흑삼(黑蔘), 고삼(苦蔘)은 간경(肝經)으로 들어가는 자삼(紫蔘), 단삼(丹蔘)은 심경(心經)으로 들어가는 적삼(赤蔘)이라 하였다.

더덕

Codonopsitis lanceolatae radix

과 명	초롱꽃과(Campanulaceae)
학 명	*Codonopsis lanceolata* (Siebold & Zucc.) Trautv.
생약명	양유근(洋乳根)
이 명	산해라(山海螺), 노삼(奴蔘), 백하차(白河車), 통유초(通乳草)
분포 및 주산지	우리나라 전역에 잘 자라며 경북 봉화, 강원도 제천 등이 주산지이다.
유사종	푸른더덕(*C. lanceolata* for. *emacaluta*), 만삼(*C. pilosula*), 소경불알(*C. ussuriensis*)

더덕_지상부

더덕_줄기

더덕_꽃

[생김새] 여러해살이 덩굴식물로 뿌리가 도라지처럼 굵으며 줄기는 덩굴성으로 길이 2~3m까지 자라면서 시계 방향으로 물체를 감고 올라가고, 담녹색이며, 털이 없고 자르면 뿌연 유액이 나온다. 잎은 덩굴 아래에서는 마주나지만, 윗부분은 어긋나며 짧은 가지 끝에 4개의 잎이 서로 접근하여 마주나므로 모여 달린 것 같고 바늘 모양 또는 긴 타원형이며 양끝이 좁다. 길이 3~10cm, 너비 1.5~4cm로서 털이 없으며 표면은 녹색이고 뒷면은 분백색이며 가장자리가 밋밋하다. 꽃은 8~9월에 가지 끝부분의 잎겨드랑이에 밑을 향해 달리며 꽃받침은 5개로 갈라지고 열편은 난상 긴 타원형이며 길이 2~2.5cm, 너비 6~10cm로서 끝이 뾰족하고 녹색이다. 꽃 모양

은 길이 2.7~3.5㎝로서 끝이 5개로 갈라져 뒤로 약간 말리며 겉은 연한 녹색이고 안쪽에 자갈색 반점이 있다. 뿌리는 가운데는 굵고 머리와 끝은 가늘게 생긴 방추형이며 가로 주름이 많다. 내부는 흰색이며 다공성(多孔性)으로 특유의 향이 있다.

재배방법

재배환경

- 더덕은 서늘한 기후와 통풍이 잘 되는 곳이 좋으며, 햇볕이 강한 곳보다는 야산의 경사진 곳에서 생육이 좋다. 토심이 깊고 비옥한 모래참흙에서 생육이 양호하다. 우리나라 중산간 지역에 자생한다. 중남부의 평야지 또는 그늘진 곳 등 전 지역에서 재배가 가능하지만, 섬이나 해안지대의 해풍이 심한 곳에서는 재배하지 않는 것이 좋다.

가. 기후

- 더덕은 우리나라 전 지역에 재배가 가능하지만, 비교적 기온과 지온이 낮고 낮과 밤의 일교차가 크며 유기물 함량이 높은 고랭지가 유리하고, 더덕의 뿌리 생육과 사포닌·향기 성분 등의 품질이 향상된다. 그늘진 곳에서도 잘 자라지만 양지에서 재배하는 것이 뿌리 생육이 좋고 꽃피는 시기도 빨라진다. 생육 최성기인 7월과 8월의 평균기온이 25℃ 정도인 산간 고랭지로 일사량이 적당하고 통풍이 잘 되는 곳에서 잘 자란다.

더덕_종자

나. 토양

- 더덕은 뿌리가 곧고 길게 뻗으므로 부식질이 많은 모래참흙 땅으로 토심이 30~50㎝ 정도로 깊고 물 빠짐이 좋은 곳, 습기가 있고 통기성이 좋은 pH 6.0 정도의 약산성 토양이 생육에 적합하다. 산성 토양

더덕_뿌리

에서는 생육이 불량하므로 석회를 준 후에 심는 것이 좋고, 가뭄이 계속될 때에도 물을 흡수할 수 있는 곳이면 이상적이다. 자갈이 많은 곳이나 모래땅의 경우에는 뿌리에 흠이 생기거나 잔뿌리가 많이 생겨 상품가치가 떨어지고, 점질토나 가뭄의 피해를 심하게 받는 곳도 뿌리의 발육이 불량하므로 재배를 피하는 것이 좋다.

재배법

가. 품종

- 더덕은 시험연구기관에서 육성·보급된 품종은 없고, 현재 재배되고 있는 품종은 대부분 야생종을 채종하여 순화 재배한 것들이다. 최근 안동 북부시험장에서 지역종을 수집하여 보존 중인 덕유산 지역종이 있으며, 이 지역종은 다른 지역종에 비하여 향기가 다소 많은 특성이 있다.

나. 채종 및 종자의 보관

- 종자는 1년생 더덕에서 채종하면 충실하게 여물지 못하여 발아가 불량할 수 있으므로 2년 이상 된 밭에서 병 없이 건전하게 자란 포기에서 채종하는 것이 유리하다. 꽃은 무한화서로 피므로 열매가 익는 대로 따서 양지에 말린 다음 종자를 채종하여 정선한다. 더덕 종자의 특성은 휴면기간이 120일 정도로 길어 발아가 잘 되지 않으므로 채종 후 노천매장을 했다가 저온처리 후에 파종해야 한다.

다. 번식방법

- 더덕은 종자로 번식을 하며, 종자의 발아적온은 15~25℃로 비교적 낮은 온도에서 잘 발아하고, 발아 기간은 20일 정도가 소요된다. 더덕 종자는 암발아성이므로 파종할 때에는 반드시 복토(흙덮기)를 해주어야 한다.

1) 직파재배

① 파종기 : 더덕 종자 파종 시기는 지역에 따라서 다른데 중남부 평야지대에서는 3월 하순~4월 상순, 산간 고랭지에서는 4월 중순에 파종하는 것이 안전하다. 특히 파종한 후 싹이 나온 다음에 서리 피해가 없도록 파종 시기를 잘 조절해야 한다.

② 두둑 만들기와 비닐피복 : 우선 더덕 재배할 밭이 정해지면 깊이갈이를 하고 정지작업을 한 다음 90~100㎝의 두둑을 만들고 비닐피복을 할 수 있도록 배수로를 30~60㎝ 정도 둔다. 더덕 전용 비닐은 백색과 흑색 비닐을 겹으로 붙여 만든 것으로, 사방 10㎝마다 정방형으로 구멍이 뚫려 있다. 비닐 피복 방법은 여름철에 지온을 낮추도록 흑색 면이 지면에 닿게 하고, 백색 면이 위로 향하도록 피복한다. 비닐은 토양수분이 알맞을 때 작업하여야 발아를 고르게 할 수 있다. 건조할 때는 관수를 해주는데, 지나치게 과습할 때는 작업이 불편하고 능률이 낮으므로 파종이 늦더라도 피복작업을 늦추어야 한다.

③ 종자처리 : 더덕의 종자는 발아가 잘 되지 않으므로 휴면기간(채종 후 120일 정도)이 지난 다음 2~5℃의 저온에서 7일 이상 저온처리한 후 파종해야 발아가 비교적 잘 되기 때문에 일반 온도에서 보관했던 종자를 그대로 파종하는 것은 가급적 피하는 것이 좋다.

④ 파종 : 비닐을 피복한 다음 구멍에 3~5알씩 점파하고 흙으로 가볍게 복토를 한다. 종자

소요량은 10a당 3~5L정도이다. 비닐에 더덕 종자가 부착된 씨비닐을 이용하여 파종하고 볏짚을 피복해주면 인력파종 또는 기계파종에 비해 파종 노력을 50% 이상 절감시킬 수 있다. 발아 후 본엽 4~5매, 초장 4~6㎝ 정도 자랐을 때 1본만 남기고 솎음작업을 하여야 한다.

⑤ 거름주기 : 시비량은 토양조건 및 비옥도에 따라 다른데, 사양토는 10a당 퇴비 1,500㎏, 질소, 인산, 칼리 각 6㎏ 사용이 적당하다. 질소비료는 70%를 밑거름으로 주고 나머지 30%는 꽃피기 전인 7월 중하순경에 웃거름으로 사용한다. 그러나 보수력 및 보비력이 좋은 토양에서는 전량 밑거름으로 사용하여도 생육에 큰 차이가 없다. 척박한 토양에서는 유기질 비료를 사용할 경우에는 10a당 퇴비 3,000㎏, 계분 200㎏를 사용하고 질소 3㎏, 인산 6㎏, 칼륨 3.5㎏을 기비로 사용한다. 웃거름은 1년차에는 7월 하순에 1회, 2년차부터는 6월 하순과 7월 하순에 2회 주고, 가을에 퇴비로 피복을 해주면 토양보습 및 동해를 막는 효과를 동시에 나타낸다. 그러나 질소비료를 많이 사용하면 지상부 생육이 번무하고 뿌리 비대는 촉진되지만 조직이 연약해지고 섬유질이 적어져 월동 중에 뿌리썩음병이 발생하기 쉽다.

2) 육묘이식재배

① 육묘상 : 육묘상은 물 빠짐이 좋고 토심이 깊은 사양토 또는 양토가 적당하다. 더덕 10a(300평) 재배에 필요한 묘상 면적은 40㎡이며, 묘상의 상토는 퇴비+산흙+모래를 같은 비율로 혼합하여 만든다. 비료는 퇴비 100㎏, 용과린 4㎏을 묘상에 골고루 뿌리고 깊이갈이를 하여 정지한다. 육묘상은 관리하기 편하도록 이랑 넓이 90㎝, 높이 30㎝의, 두둑을 만들고 두둑 사이에 30~50㎝의 배수로를 둔다.

② 육묘상 파종 : 육묘상에 파종할 경우에도 파종하기 전에 직파재배 시의 종자 처리 방식처럼 동일하게 한 후에 파종을 한다. 파종은 봄파종 또는 가을파종을 하며, 봄파종은 중남부 평야지에서는 3월 하순~4월 상순, 고랭지에서는 4월 중순에 파종하는 것이 안전하다. 늦게 파종하면 발아율이 떨어지고 잡초가 더덕보다 빨리 발아되므로 제초 노력이 많이 든다. 가을파종은 동해의 우려가 적은 남부지방에서 주로 하며, 10월 하순~11월 하순경 토양이 얼기 전에 파종을 하여야 이듬해 봄 흙 속에 있는 잡초 종자보다 빨리 발아한다. 더덕은 육묘상에 흩어 뿌림이나 줄뿌림한다. 줄뿌림 간격은 10㎝ 정도가 적당하다. 종자가 작고 가벼우므로 바람이 없는 날 파종하며, 종자를 잔모래와 혼합하여 고르게 뿌린다. 종자량은 40㎡에 150~200g 정도 소요된다. 더덕 종자는 암발아성이므로 종자가 보이지 않도록 5~10㎜ 두께로 복토한다. 복토 두께를 고르게 하여야 발아가 균일할 수 있으므로 잘 썩은 퇴비 1 : 모래참흙 2의 비율로 섞은 흙을 체로 친 상토를 사용한다. 복토가 끝나면 볏짚이나 건초를 덮어 표토의 건조와 굳어짐을 막고 수분 증발을 억제하여 발아를 촉진시킨다.

더덕_발아된 모습   더덕_어린잎

③ 육묘상 관리 : 더덕 종자는 파종 후 20일이면 발아가 된다. 묘가 3~5㎝ 자라면 구름이 끼고 흐린 날에 피복한 것을 걷어준다. 바람이 불고 햇볕이 강할 때 작업을 하면 연약하게 자란 묘가 열해를 받을 염려가 있다. 피복물을 너무 늦게 걷어주면 모가 웃자라게 되고 연약하게 되어 정식할 때 묘가 상처를 입게 된다. 묘가 건실해야 수량을 높일 수 있으므로 뿌리의 발육이 좋도록 관리하는 것이 중요하다.

④ 정식 : 묘는 뿌리가 곧고 굵으며 잔뿌리가 적고 뿌리가 절단되지 않은 건전한 모를 골라 심는다. 종묘의 무게가 5~7g 정도 되면 상품율도 60~74% 정도 수확할 수 있다. 종묘의 무게가 5g 이하거나, 절단된 모를 심게 되면 잔뿌리가 많이 발생하거나 뿌리가 둥글게 되는 등 상품의 품질이 떨어지게 된다. 잔뿌리가 많은 것과 크기가 작은 묘는 따로 심도록 한다. 묘를 캐낼 때는 곧은 뿌리가 끊어지거나 상처를 받지 않도록 주의해야 한다. 정식 시기는 파종한 후 다음해 봄, 싹이 나오기 전에 정식하는 것이 좋다. 강원 중북부 지역에서는 4월 상순이 적기이나, 중남부지방에서는 3월 하순경에 주로 정식한다. 중산간지나 고랭지는 땅이 풀리고 밭갈이에 지장이 없으면 정식한다. 더덕의 뿌리는 직근성이므로 가능하면 똑바로 세워 심는 것이 좋다. 자갈이 많고 메마른 밭에서는 정식하기에 편리하도록 뿌리를 45°로 비스듬히 심거나 눕혀서 심기도 하는데, 이렇게 심으면 뿌리가 구부러지므로 상품가치

가 떨어지고 수량도 낮아진다. 정식 간격은 토양 비옥도, 시비량 등에 따라서 차이가 있으나 대체로 이랑 사이에 60~90cm의 두둑을 만들어 포기 사이 10~15cm, 줄 사이 30cm(2열)로 심는다. 정식하기 전에 종근을 지베렐린 5ppm(200,000배액)에 24시간 담가서 심으면 활착과 수량성이 높아진다.

⑤ 거름주기 : 거름주기는 직파재배에 준한다.

3) 특수재배

어린순을 나물로 사용하기 위하여 겨울에 전열온상을 설치하고 하우스 내에서 재배한다.

라. 본 밭 관리

1) 덩굴 올리기와 순지르기

- 더덕은 줄기가 덩굴성인 식물로 2~3년 재배해야 되므로 지주를 세워 덩굴 올리기를 해주어야 한다. 덩굴 올리기를 하지 않으면 통풍과 투광이 좋지 못하여 줄기 아랫부분의 잎이 고사하고 병 발생도 많다. 덩굴 올리기를 하게 되면 수관 내 깊숙이 햇볕을 비추고 바람을 잘 통하게 하여 하위 엽이 고사되는 것을 방지해서 충분한 엽면적을 확보할 수 있으므로 동화량을 증가시키고, 병의 발생도 감소시켜 수량을 증가시킬 수 있다. 지주는 일자형 지주와 삼각형 지주를 많이 이용한다. 일자형 지주는 각목이나 파이프 등을 두둑의 중간에 2~3m 간격으로 단단하게 세우고 오이망을 씌워 덩굴을 올리는 방법이다. 햇볕 투과량이 많고 작업하기가 편리하나, 강풍에 쓰러질 우려가 있다. 삼각형 지주는 지주 3개를 삼각형으로 땅에 박고 위쪽은 X자형으로 묶어서 양쪽으로 오이망을 씌워 덩굴을 올리는 방법으로, 일자형 지주보다는 햇볕 투과량이 적으며, 특히 가운데 부분은 햇빛을 받지 못해 생육이 저조하여 전체적인 생육이 고르지 못하다. 그러나 지주가 견고하여 쓰러짐을 방지할 수 있는 장점이 있다. 순지르기는 꽃이 피기 20일 전에 하면 근 비대를 촉진하여 수량이 증대된다.

2) 잡초 방제

- 묘를 정식하고 3일 이내에 재배면적 10a당 파미드수화제 300g을 물 100L에 타서 골고루 뿌린다. 2년 이후부터는 짚이나 낙엽을 피복하여 잡초 발생을 억제하며, 고랑에 나는 풀은 배토를 겸하여 수시로 김을 맨다.

3) 병해충 방제

- 더덕에 발생하는 주요 병해충으로는 세균성마름병, 녹병, 탄저병, 점무늬병, 갈색무늬병, 줄기썩음병, 시드름병, 흰가루병, 낙엽성반점병 등의 병해와 응애, 뿌리혹선충, 굼벵이, 거세미나방 등의 피해를 들수 있으며 농약 살포의 경우 품목고시 여부를 확인하고 안전사용기준에 맞추어 사용한다.

[성 분] 칼슘(Ca), 인(P), 철(Fe), 사포닌(saponin), 이눌린(inulin), 파이토데린(phytoderin), 펜토산(pentosan) 등이 함유되어 있다.

[식용부위 및 조리법]
- 뿌리는 더덕구이, 장아찌, 건강주, 건강차, 무침, 생채 등의 채소로 활용한다.
- 장아찌로 담가 먹을 수 있다.
- 튀김으로 즐길 수 있다.
- 연한 잎은 쌈채소나 샐러드로 이용할 수도 있다.
- 개인의 식성과 취향에 따라 다양한 요리로 즐길 수 있다.
- 간기능 강화를 위하여 쪄서 나물로 무쳐 먹기도 한다.

더덕_잎과 줄기를 채취하기 적당한 시기

더덕_장아찌 고추장무침

[더덕의 효능] 거담(祛痰:가래를 제거함), 배농(排膿), 소종(消腫:종기를 삭임), 해독(解毒), 최유(催乳:젖이 잘 나오게 함), 생진(生津:진액을 생성함), 건위(健胃:위를 튼튼하게 함)의 효능. 진해거담제로 이용하고 있고 폐옹(肺癰), 유선염(乳腺炎), 양옹(瘍癰) 등을 치료한다.

더덕

도라지

Platycodi radix

과 명	초롱꽃과(Campanulaceae)
학 명	*Platycodon grandiflorum* (Jacq) A. DC.
생약명	길경(桔梗)
이 명	고경(苦梗), 길초(桔草), 백약(白藥), 제니(薺苨), 이여(利如)
약초 이야기	뿌리가 곧고 굳으며 충실하기 때문에 '길경(桔梗)'이라 한다.
분포 및 주산지	우리나라 전역에서 자생 또는 재배되고 있으며 강원도 정선, 태백, 경북 봉화 등이 주산지이다.
유사종	사삼(*Adenophora tryphylla*), 만삼(*Codonopsis pilosula*)

도라지_지상부

도라지_줄기

도라지_꽃

[**생김새**] 산야에서 흔히 자라는 여러해살이풀로 높이는 40~100㎝이고 뿌리가 굵으며 원줄기를 자르면 백색 유액이 나온다. 잎은 윤생(輪生:돌려나기), 대생(對生:마주나기) 또는 호생(互生:어긋나기)하고 긴 달걀 모양 또는 넓은 바늘 모양이며 끝이 뾰족하고 길이 4~7㎝, 너비 1.5~4㎝로서 표면은 녹색, 뒷면은 회청색이고 가장자리에 예리한 톱니가 있다. 꽃은 7~8월에 피고 하늘색 또는 백색이며 원줄기 끝에 1개 또는 여러 개가 위를 향해 달린다. 화관은 끝이 퍼진 종형이고 지름 4~5㎝ 로서 끝이 5개의 수술과 1개의 암술이 있고 자방은 5실이며 암술대는 끝이 5개로 갈라진다. 삭과(蒴果:속이 여러 칸으로 나누어지고 각 칸마다 씨가 들어 있는 열매)는 암갈색으로 구멍이 뚫린 꼬투리로 다소 둥근 모양이며, 꼬투리당 80~100개의 종자를 맺는다. 종자는 길고 편평한 구형으로 1,000알의 무게는 1g 정도이다.

재배방법

재배적지
- 부식질이 풍부하고 부드러운 땅이 좋으며 식양토나 사질토에서 재배하면 우량품을 생산할 수 있다. 연작을 싫어하고 추위에 견디는 내한성이 강하여 우리나라 대부분의 지역에서 재배가 가능하지만, 햇볕이 잘 드는 양지쪽에서 더 잘 자란다. 토양은 사질양토나 식질양토로 토심이 깊고 유기물 함량이 많은 곳에서 잘 자란다.

도라지_종자

파종 및 정식
- **품종** : 영남농업연구소에서 2002년에 육성한 장백도라지(밀양 1호)가 보급되고 있다. 또 꽃의 색깔에 따라서 백도라지와 자색 도라지로 구분하기도 하지만 기원은 같고, 백도라지가 수량이 많으나 약효에는 차이가 없다.
- **번식** : 종자로 번식하며 3월 하순~5월 상순 및 10월 중순, 2차례 가능하다. 이랑 너비 120㎝로 두둑을 짓고 휴면을 균일하게 고른 다음 가로 30㎝ 사이로 작은 골에 줄뿌림을 하며 짚을 얇게 깔아준다. 최근에는 포트에 육묘하여 심기도 한다. 봄철에 가뭄이 계속되면 파종을 하여도 발아하지 않고 장마기에 발아한다.

도라지_뿌리

주요관리
- **시비관리** : 10a당 잘 썩은 퇴비 1,500㎏, 요소 20㎏, 용과린 또는 용성인비 90㎏, 염화칼리 25㎏을 시용한다.
- **제초** : 파종 후 3일 이내에 파미드수화제 400배를 10a당 100L정도를 살포하면 1년생 잡초의 방제가 가능하나 품목고시는 안 되어 있어 소량으로 재배하는 텃밭재배의 경우에는 제초제를 사용하지 말고 생육 초기 본잎이 3~4매가 될 때 포기 사이가 5~6㎝가 되도록 솎음작업을 하면서 손으로 제초할 것을 권한다. 또한 솎음작업은 가능하면 비가 온 후나 관수 후에 실시하면 좋다. 1평(3.3㎡)당 600주 정도를 남기는 것이 적당하다. 1년생에 중점적으로 잡초를 방제하고 2년부터는 도라지의 생육이 좋아져 잡초가 번성하지 못한다.
- **꽃대 제거** : 꽃망울이 생기고 종자가 익어가면서 생식생장에 많은 영양분을 소모하므로 영양분이 꽃으로 이동하는 것을 방지하기 위하여 채종할 것을 제외하고 반드시 꽃대를 제거해주어야 한다. 꽃대를 제거하는 적기는 6월 중·하순경 꽃망울이 생길 때이다.

- **병해충방제** : 순마름병, 점무늬병, 탄저병, 줄기마름병, 줄기썩음병, 시들음병, 진딧물 등을 방제한다.

[성분] 뿌리에는 약 2% 정도의 사포닌(saponin)이 함유되어 있는데 주로 플라티코딘(platycodin), 플라티코디게닌(platycodigenin), 플라티코게닉산 A(platycogenic acid A) 등의 형태로 들어 있으며, 그 외에 이눌린(inulin), 피토스테롤(phytosterol), 베툴린(betulin), 알파스피나스테롤(α-spinasterol), 당질, 칼슘, 철분 등이 함유되어 있다. 줄기와 잎에도 사포닌 성분이 들어 있다. 뿌리에는 식이섬유가 많아 변비를 예방할 수 있다.

[식용부위 및 조리법]
- 뿌리를 무침, 절임, 구이, 산적, 정과, 차 등으로 활용한다.
- 어린순은 나물로도 이용한다.
- 장아찌로 담가 먹을 수 있다.
- 어린줄기는 튀김용으로 사용한다.
- 도라지의 쓴맛을 속성으로 우려낼 때는 굵은 소금을 물에 타거나 쌀뜨물에 담그면 아린 맛이 잘 빠지며 물에 담글 시간이 부족할 때는 쌀뜨물에 2시간 정도 담가서 쓴맛을 우려낸다.
- 개인의 식성과 취향에 따라 다양한 요리로 즐길 수 있다.

도라지_잎과 줄기를 채취하기 적당한 시기

도라지_어린잎

[도라지의 효능]

폐기선개(肺氣宣開:폐의 기운을 좋게 함), 거담(祛痰:가래를 제거함), 배농(排膿), 청폐(淸肺) 등 가래와 염증을 삭인다. 도라지에 풍부한 사포닌은 혈압을 낮추고 고름을 빨아낸다. 항산화 효과가 커서 장수하는 식품으로 알려져 있다. 외감해수(外感咳嗽:외부 감염으로 인한 기침), 인후종통(咽喉腫痛), 흉만협통(胸滿脇痛:가슴이 그득하고 옆구리에 통증이 있는 증상), 이질복통(痢疾腹痛), 부인병(婦人病), 대하증(帶下症) 등을 치료한다.

도라지_발아

도라지_꽃대

독활

Araliae continentalis radix

과 명	두릅나무과(Araliaceae)
학 명	*Aralia cordata* var.*continentalis* (Kitag.) Y. C. Chu
생약명	독활(獨活)
이 명	땃두릅, 땅두릅, 풀두릅, 강청(姜靑), 독골(獨滑), 독요초(獨搖草)
분포 및 주산지	우리나라 각처의 산록 양지 및 골짜기에 자생한다.
유사종	두릅나무(*Aralia elata*), 중국산 독활은 *Angellica pubescens*의 뿌리이다.

독활_줄기

독활_잎   독활_꽃

[생김새] 여러해살이풀로 높이가 1.5m에 달하며 꽃을 제외한 전체에 짧은 털이 드문드문 있다. 잎은 호생(互生:어긋나기)하고 길이 50~100㎝로서 기수 2회 우상(羽狀:깃꼴)복엽이며 어릴 때는 연한 갈색 털이 있다. 작은 잎은 5~9개씩 있고 난형 또는 타원형이며 끝이 뾰족하고 길이 5~30㎝, 너비 3~20㎝로서 양면에 털이 드문드문 있으며 특히 맥 위에 많고 표면은 녹색이며 뒷면은 흰빛이 돌고 가장자리에 톱니가 있다. 7~8월에 가지와 원줄기 끝 또는 윗부분의 엽액에서 큰 원추화서가 자라며 총상으로 갈라진 가지 끝에 둥근 산형화서가 달린다. 꽃은 암수한그루로서 연한 녹색이고 지름 3㎜ 정도로 5수성이며 열매는 9~10월에 익는다.

재배방법

재배적지
- 추위에 비교적 잘 견디므로 고랭지를 제외한 우리나라의 어느 곳에서나 재배가 가능하지만, 햇빛이 잘 들고 바람이 잘 통하는 곳에서 생육이 좋다.
- 토질을 가리지 않고 어디서나 잘 되지만 유기물 함량이 많은 비옥하고 물 빠짐이 잘되는 토양 또는 식양토에 가장 알맞다.

독활_종자

번식 및 정식
- **번식** : 독활은 종자를 이용한 실생번식과 묘두번식(苗頭繁殖), 그리고 삽목번식도 가능하며 농가에서는 뿌리를 수확한 후 묘두번식을 많이 이용한다.
- **종자번식** : 짧은 시일에 많은 묘를 확보하여 넓은 면적에 심을 수 있다는 장점이 있으나, 묘를 기르는 데 1년이 소요되므로 수확까지의 기간이 1년 더 늦어지는 단점이 있다.
- **묘두번식** : 육묘기간을 단축시키고 1~2년 재배하여 약재를 생산할 수 있으므로 많은 농가에서 이 방법을 쓰고 있으나 번식률이 2~3배 정도로 낮은 단점이 있다.
- **삽목번식** : 이른 봄 연한 줄기가 올라오는 것을 잘라서 눈의 선단이 약간 땅 위로 올라올 정도로 삽목하고 물관리를 잘 해주면 연내에 발근이 가능하다. 삽목용 상토는 거름기가 없는 모래나 마사토가 좋다. 뿌리를 내릴 때까지 적합한 수분 유지에 노력이 많이 들고, 묘를 생산하는 데 1년이 소요되는 단점이 있어 농가에서는 이용하는 경우가 적다.

독활_분주묘

- **식재** : 해빙이 되면 가능한 빠른 시기(3월 중·하순)에 정식하는 것이 뿌리 뻗음이 좋고 지상부의 생육도 잘 된다. 이랑 너비 90㎝, 그루 사이 60㎝으로 밀식하여 심는데, 이렇게 심으려면 10a당 1,800주의 묘가 필요하다. 묘두를 세워서 6㎝ 정도로 덮고 가볍게 밟아주는 것이 좋다.
- **거름주기** : 밑거름은 밭갈이하기 전에 10a당 퇴비 2,000㎏, 복합비료 50㎏, 깻묵 60㎏ 정도를 균일하게 살포한 후 경운·정지하여 전층시비가 되도록 한다.

주요관리

- **제초** : 독활은 생육이 왕성하기 때문에 생육 초기에 1~2번 해주면 7월쯤에는 줄기, 잎이 무성하게 자라기 때문에 잡초는 크게 문제 되지 않는다. 7~8월에는 물 빠짐을 좋게 하고 9월에는 꽃대가 올라오면 잘라주어 뿌리의 발육이 잘 되게 해야 한다.

- **병해충 방제** : 병해충은 크게 문제 되지 않으나 배수가 잘 안 되면 뿌리가 썩고, 장마철에 잎과 줄기가 누렇게 변하면서 죽는 경우가 있으므로 물이 잘 빠지도록 배수로 정비를 잘 해준다.

- **연화재배** : 봄철에 새싹과 연한 줄기를 나물로 이용하기 위하여 연화재배를 하는데, 비닐하우스 안에서 밀식을 하고, 왕겨를 20~30㎝ 정도 덮어주어 이른 봄에 연하게 자란 새싹을 잘라서 나물로 활용한다.

[**성 분**] 정유 0.07%를 함유하며 정유성분으로는 리모넨(limonene), 사비넨(sabinene), 미르켄(myrcene), 휴물렌(humulene) 등이 함유되어 있다. 뿌리에는 이오타-카우르-16-엔-19-오익산(iota-kaur-16-en-19-oic acid)가 함유되어 있다.

독활_종자 결실

독활_채취에 적당한 시기

독활_순을 채취한 모습(땅두릅)

독활_어린잎

식용부위 및 조리법
- 봄에 잎이 나와 벌어지기 전에 땅속 밑둥을 칼로 잘라서 무침, 볶음, 튀김으로 이용한다.
- 소금이나 간장, 된장에 절여 장아찌로 이용할 수 있다.
- 잎이 약간 자란 것은 데쳐서 묵나물 또는 부침으로 먹는다.
- 어린잎과 꽃은 술을 담가서 먹기도 한다.
- 개인의 식성과 취향에 따라 다양한 요리로 즐길 수 있다.

[독활의 효능] 거풍(祛風:풍사를 제거함), 화혈(和血), 발한(發汗:땀 내기), 지통(止痛), 승습(勝濕), 이뇨(利尿), 소종(消腫:종기나 부스럼을 삭임), 소풍(疏風:풍사를 흩어지게 함), 보허(補虛)의 효능이 있다. 감모(減耗), 두통(頭痛), 편두통(偏頭痛), 류머티즘, 신경통(神經痛)을 치료한다.

두릅나무

Araliae cortex

과 명	두릅나무과(Araliaceae)
학 명	*Aralia elata* (Miq.) Seem.
생약명	총목피(楤木皮)
이 명	자노아(刺老鴉), 참두릅나무, 드릅나무
분포 및 주산지	전국의 숲 가장자리에서 자란다.
유사종	유사종으로 잎 뒷면에 회색 또는 황색의 가는 털이 나 있는 것을 애기두릅나무(*Aralia elata* var. *canescens*), 잎이 작고 둥글며 잎자루의 가시가 큰 것을 둥근잎두릅나무(*Aralia elata* var. *rotundata*)라고 한다.

두릅나무_지상부

두릅나무_줄기

두릅나무_목질화된 줄기

[생김새] 나무의 높이는 3~4m이다. 줄기는 그리 갈라지지 않으며 억센 가시가 많다. 잎은 어긋나고 길이 40~100cm로 홀수 2회 깃꼴겹잎(奇數二回羽狀複葉)이며 잎자루와 작은잎에 가시가 있다. 작은잎은 넓은 달걀 모양 또는 타원상 달걀 모양으로 끝이 뾰족하고 밑은 둥글다. 잎 길이는 5~12cm, 너비 2~7cm로 큰 톱니가 있고 앞면은 녹색이며 뒷면은 회색이다. 8~9월에 가지 끝에 길이 30~45cm의 산형꽃차례[傘形花序]를 이루고 백색 꽃이 핀다. 꽃은 양성(兩性)이거나 수꽃이 섞여 있으며 지름 3mm 정도이다. 꽃잎과 수술 및 암술대는 모두 5개이며, 씨방은 아래쪽에 있다. 열매는 핵과(核果)로 둥글고 10월에 검게 익으며, 종자는 뒷면에 좁쌀 같은 돌기가 약간 있다.

[재배방법]

재배적지
- 배수가 잘 되고 양지바른 곳에서 잘 자란다. 그늘진 곳이나 햇볕 조건이 나쁘면 웃자라거나 겨울철 가지가 말라 죽는 경우가 있다.

번식 및 정식
- 번식은 종자 파종이 가능하나 파종하여 약재로 이용하기까지 소요되는 기간이 길어 대부분 포기를 나누어 사용한다. 두릅나무는 뿌리에서 움 발생이 많으므로 움이 돋은 가지를 이용하여 포기나누기를 하거나 뿌리를 15~20㎝정도로 잘라서 뿌리삽목(꺾꽂이)을 한다.
- 정식은 뿌리가 붙은 묘를 봄철에 두둑을 만들어 심는데, 2~3m 이랑에 포기 사이 1m로 심고 자람이 왕성해지면 포기 사이를 조절한다.
- 비료 주는 양은 10a당 질소 18㎏, 인산 14㎏, 칼리 21㎏, 퇴비 1,500㎏을 주며 질소와 칼리는 밑거름으로 70%, 웃거름으로 30%를 나누어 준다.

두릅나무_열매

주요관리
- 두릅나무의 순을 1/3 정도 이내로 채취한다. 첫 번째 싹만 채취하여 식용하고 나머지는 남겨둔다. 채취량이 많으면 저장양분이 적어 겨울철 가지가 말라 죽는다. 줄기와 뿌리의 껍질을 두껍게 하기 위해서 적절한 높이에서 절단하여 줄기와 뿌리의 발육을 좋게 한다.

두릅나무_새순

[성분] 강심 배당체, 사포닌(saponin), 정유 및 미량의 알칼로이드(alkaloid)가 함유되어 있고, 올레아놀릭산(oleanolic acid)의 배당체인 아랄로사이드 A, B, C(araloside A, B, C) 등이 알려져 있다.

두릅나무_채취하기 적당한 시기　　　　　　두릅나무_장아찌

식용부위 및 조리법

- 봄에 돋는 새순을 두릅이라 하여 5~6cm 자랐을 때 채취하여 식용한다.
- 잎이 펴지기 전에 채취한 것은 조리용이나 데쳐서 먹을 수 있다.
- 잎이 커진 것은 껍질을 벗기거나 데쳐서 말린 뒤 국거리용이나 부침, 튀김용 또는 묵나물로 이용한다.
- 튀기면 더 깊은 맛이 난다.
- 장아찌로 담가 먹거나 쌈채소나 샐러드로 이용할 수도 있다.
- 개인의 식성과 취향에 따라 다양한 요리로 즐길 수 있다.

두릅나무의 효능

보기(補氣:기를 보함), 안신(安神:정신을 편안하게 함), 강정자신(强精滋腎:정을 튼튼하게 하고 신기를 길러줌), 거풍(祛風:풍사를 제거함), 활혈(活血:혈액순환을 촉진함) 효능이 있다. 소염(消炎:염증을 치료함), 이뇨(利尿), 신경쇠약(神經衰弱), 류머티즘성 관절염(關節炎), 만성 간염(慢性肝炎), 당뇨병(糖尿病), 음위(陰萎) 등을 치료한다.

둥굴레

Polygonati odorati rhizoma

과 명	백합과(Liliaceae)
학 명	*Polygonatum odoratum* (Mill) Druce var. *pluriflorum* (Miq.) Ohwi.
생약명	옥죽(玉竹), 위유(萎蕤)
이 명	편황정(片黃精), 토죽(菟竹), 위유(萎蕤), 우죽네풀
분포 및 주산지	전국의 산과 들에 자생 또는 재배되고 있으며 지리산, 팔공산, 설악산, 오대산 등이 주산지이며 나무 밑 또는 돌 틈 사이의 음습한 곳에 난다.
유사종	용둥굴레(*P. involucratum*), 각시둥굴레(*P. humile*), 맥도둥굴레(*P. koreanum*)

둥굴레_지상부

둥굴레_줄기

둥굴레_꽃

[생김새] 산야에서 자라는 여러해살이풀로 높이 30~60cm이며 6줄의 능각이 있고 끝이 처지며 육질의 근경은 점질이고 옆으로 뻗으며 수염뿌리가 발달되어 있다. 줄기는 각진 형태의 줄이 6줄이 있으며 잔가지를 만들지 않고 오직 1줄기만 자라며 약간 기울어져 자란다. 어긋난 잎은 한쪽으로 치우쳐서 퍼지며 긴 타원형이고 길이 5~10cm, 너비 2~5cm로서 잎자루가 없다. 꽃은 6~7월에 피며 1~2개씩 엽액(葉腋:잎겨드랑이)에 달리고 길이는 15~20mm로서 밑부분은 백색이며, 윗부분에 붙고 수술대에 잔돌기가 있으며 꽃밥은 길이 4mm로 수술대와 길이가 거의 같다. 꽃의 구조는 길이가 긴 원통형으로 혀가 긴 꿀벌과 뒤영벌, 벌새의 도움으로 꽃가루받이를 한다. 열매는 장과이며 둥글고 9~10월에 검은색으로 익는다.

재배방법

재배적지
- **기후** : 기후는 크게 가리지 않으며 기온이 15~28℃, 토양수분 50~80%의 조건에서 잘 생장한다.
- **토질** : 배수가 양호하고 토양수분이 적당한 사질양토가 적당하며 우리나라 전역에서 재배가 가능하나 중남부 지방이 유리하다. 심한 건조와 과습이 계속되는 습지에서는 생육에 지장을 주어 재배가 곤란하고, 한번 심은 곳은 연작을 피한다.

번식 및 정식
- **품종** : 2002년 경남농업기술원에서 육성한 '건강백세(둥굴레1호)' 품종이 보급되었다. 중국에서는 중약지에서 둥굴레 6종, 황정 8종을 분류하고 있다.
- **번식** : 둥굴레는 종자 또는 지하경으로 번식이 가능하나 지하경 번식은 대면적 재배에서는 종묘 값이 많이 들어 부담이 되고, 종자번식은 육묘기간이 길고 생육이 늦다. 특히 종자번식의 경우 가을에 파종을 하면 이듬해 봄에 어린 뿌리만 발달하고 싹이 나오지 않으며 어린싹과 배축은 다음해 봄에 생장하므로 유묘관리가 번거롭고 어렵다. 따라서 땅속의 뿌리줄기를 이용하여 포기나누기로 번식한다.

둥굴레_새싹

둥굴레_채취한 뿌리

- **정식** : 3월이나 또는 10월에 45㎝ 간격으로 골을 켜고 포기 사이를 20~30㎝로 심으며 근경의 눈을 분할하여 5~6㎝ 깊이로 심고 복토한다. 종근량은 300~450㎏이다. 종근은 종자 소독제인 베노람수화제 1,000배액에 30분 정도 침종한 다음 건져내어 그늘에서 약간 말린 다음 심거나 미리 준비하였던 깨끗한 모래에 묻어 최아된 종근을 심으면 입모율이 높고 출아기간도 빨라진다.
- **거름주기** : 둥굴레는 정식 후 4~5년 후에 수확하게 되므로 화학비료를 너무 많이 주면 지상부가 웃자라게 되어 근경수량이 적어진다. 다소 기름진 곳에서 뿌리수확량이 많다. 밑거름으로 10a당 퇴비 700㎏, 용성인비 50㎏, 유박 30㎏을 시비한다. 그리고 정식 후 2~3년에는 제초작업이 필요하지 않을 정도로 무성하게 자라기 때문에 늦가을이나 이른 봄에 덜 썩은 퇴비를 밭 전체에 3~5㎝ 정도 뿌려주면 잡초 제거에도 좋고 가뭄과 장마에 수분 유지에도 도움이 된다.

주요관리

- 생육 중에 토양이 건조하면 품질이 떨어지므로 짚 등으로 피복을 해주고 가급적 한여름에는 30% 정도 해가림을 하여 잎이 타는 일이 없도록 관리하고 차광을 실시한다. 김매기는 2~3회 실시한다. 2~3년에 한 번은 뿌리를 수확하여 다시 심어야 잘 자란다.
- **병해충 방제** : 병해로는 잎마름병, 뿌리썩음병, 탄저병, 흰가루병, 점무늬병, 푸른곰팡이병 등이 있고, 충해로는 진딧물과 민달팽이 피해가 많으나 진딧물은 아직 품목고시된 약제가 없고 민달팽이는 토양살충제 또는 미끼제로 방제한다.

[성분] 콘발러마린(convallamarin), 콘발라린(convallarin), 켈리도닉산(chelidonic acid), 아제티딘-2-카보닉산(azetidine-2-carbonic acid), 캠페롤-글루코사이드(kaempferol-glucoside), 케르세티코-글리코사이드(quercitio-glycoside) 등을 함유한다.

[식용부위 및 조리법]
- 어린순은 데쳐서 한 번 찬물로 헹군 다음 간을 맞추어 나물로 먹는다.
- 뿌리는 볶아서 우린 물을 차로도 이용한다.
- 장아찌로 담가 먹을 수 있다.
- 튀김으로 먹기도 한다.
- 개인의 식성과 취향에 따라 다양한 요리로 즐길 수 있다.

둥굴레_채취하기 적당한 시기

둥굴레_채취한 뿌리(튀김용)

둥굴레_잎

둥굴레_열매

[둥굴레의 효능] 자음윤폐(滋陰潤肺:음기를 더하고 폐를 윤활하게 함), 양위생진(養胃生津: 위기를 기르고 진액을 생기게 함) 등의 효능이 있다. 조해(燥咳:마른기침), 노수(勞嗽:과로 또는 방사과다로 인한 기침), 위음허(胃陰虛:위의 음기가 허함), 인건구갈(咽乾口渴:목과 입이 마르는 증상), 내열소갈(內熱消渴), 두혼현훈(頭昏眩暈) 등을 치료한다.

머위

Petasitei radix

과 명	국화과 (Compositae)
학 명	*Petasites japonicus* (Siebold & Zucc.) Maxim.
생약명	봉두채(蜂斗菜)
이 명	머우, 머귀, 머웃대, 사두초(蛇頭草), 야남과(野南瓜), 흑남과(黑南瓜), 남과삼칠(南瓜三七)
분포 및 주산지	전국의 산야 습지에 분포한다.
유사종	개머위(*P. saxatile*), 털머위(*Farfugium japonicum*)

머위_잎

머위_줄기

머위_꽃

[생김새] 습지에서 잘 자라는 여러해살이풀로 키는 5~50cm이다. 전국 어디에서나 자생하며 주로 논둑, 밭둑, 습지 등 수분이 많은 곳에서 자란다. 속명인 Petasites는 그리스어로서 '챙이 넓은 모자'라는 뜻으로 머위가 큰 잎을 갖는 데서 유래되었으며, 원산지는 유럽과 아시아, 북아메리카로 알려져 있는데 15~20종이 자생하고 있다. 잎은 땅속줄기에서 나오고 많은 비늘잎이 붙는다. 잎의 모양은 신장 모양 원형이며 지름 15~30cm이고, 잎자루의 길이는 60cm이며, 가장자리에 불규칙한 톱니가 있다. 암수딴그루이며 꽃은 덩어리로 피는데, 꽃이 먼저 피고 나중에 잎줄기가 나오기 시작한다. 뿌리에서 나오는 잎은 잎자루가 길며 표면에 꼬부라진 털과 뒷면에 거미줄 같은 털이 있으나 없어지며 가장자리에 불규칙한 톱니가 있

고 잎자루의 윗부분은 녹색이나 밑으로 갈수록 자줏빛이 돈다. 개화기는 4월이고 암꽃은 흰색으로 먼저 자라고 그 뒤에 황백색의 수꽃이 자란다. 꽃의 지름은 7~10㎜ 정도이다. 양성의 소화는 모두 결실하지 않고 자화서의 암꽃이 열매를 맺으며 자화서는 양성화서와 같으나, 꽃이 핀 다음 콩팥 모양의 잎이 나오며 길이는 70㎝ 정도로 길어져서 총상으로 된다. 삭과(蒴果:속이 여러 칸으로 나누어지고 각 칸마다 씨가 들어 있는 열매)는 털이 없고 원통형이며 길이 3.5㎜, 지름 0.5㎜ 정도이고, 관모(冠毛)는 길이가 12㎜ 정도로 백색이다. 식용으로 이용하는 부분은 주로 엽병인데 길이는 40~65㎝, 굵기는 1㎝ 정도로 녹색 또는 연자주색을 띠고 있다.

재배방법

재배현황

- 머위는 전국적으로 많이 재배되고 있으며 논두렁이나 습지에서 자생하는 면적 또한 적지 않다. 지역별로는 경기도, 충청도, 전라도 등 7개 시도에서 재배되고 있으며 재배형태는 거의 시설재배이다. 비교적 소득이 높아 10a당 280~380만원선으로 자연산에만 의존하지 말고 재배에 알맞는 포장이 있는 농가라면 본격적으로 재배를 시도하거나 아니면 기존의 자생지를 확대하여 재배해 볼 만한 새로운 소득작목이라 할 수 있다. 특히 시설물을 설치하여 자연산에 비해 빨리 출하시키면서도 품질이 좋은 상품을 공급하는 체계를 갖춘다면 재배가 까다롭지 않고 인력도 많이 들지 않아 권장할 만한 작목이다.

재배적지

- 잎사귀가 크기 때문에 메마른 땅보다 습기가 많은 토양이 좋다. 반쯤 볕이 드는 모래땅 또는 양토로 토심이 깊고 기름진 곳이 좋다. 나무 밑 그늘, 밭둑과 담장에서도 잘 자란다. 잎이 커서 수분의 증산량이 많기 때문에 건조에는 잘 견디지 못한다. 또한 추위에는 강하나 더위에는 약하여 고온보다는 서늘한 기온(10~23℃)에서 생육이 양호하다는 특성도 포장을 선정하는 데 참고해야 한다. 강한 햇빛을 싫어하고, 내음성이 강하여 음지에서도 잘 자라므로 반그늘의 조건에서 재배하는 것이 좋다. 뿌리는 직근성(直根性)으로 땅속 깊이까지 뻗는 특성이 있기 때문에, 지하수위가 높거나 배수가 불량하게 되면 생육도 불량해진다. 그러므로 재배포장은 항상 물기가 있으나 배수가 잘 되

고 약간 경사진 반그늘이 적합하며 산성에 강한 특성이 있으므로 이도 참고하면 좋다.

번식 및 정식

- **번식** : 종자번식과 분주(포기나누기)번식으로 하는데 분주번식이 유리하다. 2015 영농활용자료에 의하면 머위 뿌리를 6㎝씩 절단 삽목하여 육묘하면 관행(분주, 지하경) 대비 9.5배(8→76주) 증식 가능하다고 한다. 삽목방법은 머위 뿌리를 6㎝씩 절단 후 32구 육묘용 트레이에 삽목을 하고 30~60일 정도 육묘를 한다. 육묘 중에는 너무 마르지 않도록 하루 1~2회 관수를 해야 하고, 고온이나 강한 햇빛을 차단해야 생육이 좋으므로 20~30% 차광하여 재배하는 것이 좋다.

- **정식** : 정식을 하기 위해서는 먼저 정식 2주 전쯤에 본 포장을 준비해야 한다. 본 포장은 밑거름을 살포한 후 경운 및 로터리 작업을 하고 60㎝ 간격으로 이랑을 만든다. 본 포장을 준비한 2주 후에는 준비된 종근을 주간 거리가 45㎝ 정도 되게 1주씩 심는다. 종근은 눈이 위를 향하도록 배열하고 복토한 다음 위에 짚을 덮어 건조를 방지한다. 시기는 봄(3~4월)에도 가능하나 8월 하순에서 9월 상순 사이에 큰 포기에서 눈을 붙여 심는 것이 가장 활착이 좋은 것으로 알려져 있다.

- **종근량** : 분주번식으로 할 때에는 땅속줄기가 10a당 200~250㎏ 정도 소요된다.

주요관리

- **시비** : 퇴비를 충분히 주고 재배해야 잎과 줄기의 생산이 많아진다. 밑거름 위주로 10a당 요소 50㎏, 용과린 100㎏, 염화칼리 30㎏, 퇴비 5,000㎏, 계분 200㎏을 밭갈이 하기 전 전면에 살포하고, 웃거름은 3월 하순과 장마가 끝나는 7월 하순경에 10a당 요소 10㎏, 염화칼리 5㎏ 정도를 시비하면 되나 생육상태를 보아가며 수시로 양을 조절하여 시비하는 것이 좋다.

머위_새순

- **포장관리** : 머위는 습지에서 자라는 특성상 한발에 매우 약하므로 여름철 건조기에는 볏짚이나 풀을 덮어주어 증발을 억제시키며 관수시설을 하여 항시 적당한 습도를 유지할 수 있도록 관수를 해준다. 강한 햇빛보다는 20~40% 정도 차광을 하는 것이 생육에 좋으므로 시중에서 유통되는 30% 정도의 차광망을 설치하는 것이 좋다. 생육량이 많고 특히 엽면적이 넓어 잡초 발생이 억제되기 때문에 제초 작업은 큰 문제는 되지 않으나 잡초 발생이 많을 때는 수시로 제초를 해주도록 한다.

머위_전초

- **병해충 방제** : 반쪽시들음병, 흰가루병, 점무늬병, 모자이크병, 갈색무늬병, 갈색점무늬병, 검은무늬병, 잎마름병, 해충으로는 머위 명나방, 머위 진딧물 등이 피해를 준다.

머위_잎이 활착되는 모습

머위_본 밭에 심어진 모습

약재 수확 및 조제

- 머위는 4월 상순부터 시작하여 1년에 2~3회 수확이 가능하며 이슬이 있는 이른 아침에 수확하면 신선도를 오래 유지할 수 있다. 수량은 생채로 10a당 3,000~5,000㎏ 정도 되며 수확물은 500~600g 정도 되게 깨끗하게 다듬어 아래와 윗부분을 2번 묶어서 비닐로 포장한 다음 유통 시 손상되지 않도록 박스에 넣어 출하한다.

성분

뿌리의 정유에는 페타신(petasin) 50~55%와 그 밖에 카렌(carene), 에레모필렌(eremophilene), 티몰메틸에테르(thymolmethylether), 푸라노에레모필렌(furanoeremophilene), 리굴라론(ligularone), 페타살빈(petasalbin), 알보포타신(alboprtasin) 등이 함유되어 있다. 특히 비타민A가 많고(가식부 100g 중 베타카로틴4,522㎍), 비타민 B_1, B_2와 칼슘, 섬유질이 풍부한 알칼리성 식품이며, 항산화, 항알레르기 효과가 있는 폴리페놀 성분을 다량 함유하고 있다. 꽃봉오리에는 쓴맛을 내는 페타시틴(petasitin), 이소페타신(isopetasin), 퀘르세틴(quercetin), 캠페롤(kaempferol)이 있으며, 잎에는 플라보노이드(flavonoid), 트리테르펜(triterpene), 사포닌(saponin) 등 많은 특수성분이 함유되어 있다. 총 폴리페놀 함량은 잎 〉 줄기 〉 뿌리 〉 꽃 순으로 농도가 높은 경향을 보였으며, 재배지나 채취시기에 따라 함량의 차이를 나타내는 것으로 보고되고 있다. 또한, 식이중량의 5~10% 섭취 시 비만, 심혈관계 질환, 당·지질 대사이상과 같은 만성 대사성 질환 개선에 효과가 있는 것으로 나타났다.

식용부위 및 조리법

- 약간의 쓴맛 때문에 채소로 활용한다. 잎을 데친 후에 된장과 버무려 먹거나 쌈으로 먹는다.
- 꽃과 줄기도 튀겨 먹거나 장아찌로 먹을 수 있다.
- 줄기는 껍질을 벗겨서 데쳐 나물로 먹는다.
- 이른 봄에 땅속줄기를 캐서 고기 등과 조림으로 이용하기도 한다.
- 껍질은 장아찌로 이용하는 등 모내기철의 반찬으로 많이 이용되었던 중요한 민속채소이다.
- 요즘은 녹즙, 샐러드, 조림, 탕이나 찌개 등에도 이용되고 있다.
- 개인의 식성과 취향에 따라 다양한 요리로 즐길 수 있다.

머위_채취한 줄기

머위_채취한 새순

머위의 효능

소종(消腫:종기나 부스럼을 삭임), 활혈(活血:혈액순환을 촉진함), 해독(解毒), 거어혈(祛瘀血) 효능이 있다. 현기증, 기관지 천식, 인후염(咽喉炎), 암종(癌腫), 편도선염(扁桃腺炎), 창독, 독사교상을 치료한다.

참고사항

머위는 날것으로 먹지 않는 것이 좋은데 머위 자체의 떫은맛보다 페타시테닌 및 후키노톡신이라는 발암성 물질이 들어 있기 때문이다. 이 성분은 수용성으로서 삶으면 없어지며 항돌연변이 효과가 있다.

민들레

Taraxaci herba

과 명	국화과(Compositae)
학 명	*Taraxacum platycarpum* Dahlstedt
생약명	포공영(蒲公英)
이 명	안질방이, 포공초(蒲公草), 지정(地丁), 금잠초(金簪草)
분포 및 주산지	우리나라 전국에 분포한다.
유사종	흰민들레(*T. coreanum* Nakai), 서양민들레(*T. officinale* Weber), 산민들레(*T. ohwaianum* Kitam.)

민들레_전초

민들레_본 밭에 심어진 모습

민들레_꽃

[생김새] 여러해살이풀로 원줄기가 없고 잎이 뿌리에서만 모여 돋아나며 지면에 바짝 붙어 자라는 로제트형이다. 잎은 거꾸로 된 피침상 선형이며 길이 6~15cm, 너비 1.2~5cm로서 무 잎처럼 깊게 갈라지고 열편은 6~8cm이고 쌍으로서 털이 약간 있으며 가장자리에 톱니가 있다. 꽃은 4~5월에 피고 잎보다 다소 짧은 화경이 나와서 그 끝에 1개의 황색 꽃이 피며, 꽃실은 분리되고 희며 짧고 조금 편평하다. 꽃잎은 5개이고 암술은 5개, 수술은 1개이다. 성숙기는 6~7월이며 열매는 수과(穗果)로 갈색이 돌고 긴 타원형이며 관모는 길이는 6mm 정도이며 연한 백색으로

공 모양의 솜털로 만들어진다. 국산(토종) 민들레와 서양민들레의 다른 점은 토종 민들레는 꽃차례의 꽃받침이 꽃을 감싸고 있지만 서양민들레는 뒤로 젖혀져 있다. 서양민들레가 토종 민들레보다 세력이 월등히 강하여 우리 주위에는 대부분 서양민들레가 많다.

[재배방법]

재배적지
- 배수가 잘 되는 사질 양토로 햇볕이 잘 드는 곳이면 어디든지 생육이 잘 된다.

번식
- **번식** : 종자로 번식한다. 5월에 꽃이 피고 나면 종자가 결실되는데 바람에 홀씨가 흩날리므로 날리기 전에 채취하여 자루나 PP포대에 넣어두면 종자가 건조하여 성숙한다. 채취한 씨는 바로 뿌린다.

주요관리
- 햇볕을 많이 받도록 하고 밀식된 곳은 솎아준다. 솎음작업으로 수확한 것은 어리므로 생채로 이용하거나 말려서 쓴다. 숙근초(宿根草:겨울에도 뿌리가 얼어 죽지 않고 월동하여 이듬해 싹을 내는 식물)로 월동하고 10~30℃에서 잘 생육한다.

민들레_종자

민들레_채취한 전초

[성 분]   전초에는 타락사스테롤(taraxasterol), 타락사롤(taraxarol), 타락세롤(taraxerol)이 들어있고, 잎에는 루테인(lutein), 비오악산틴(vioaxanthin), 플라스토퀴논(plastoquinone), 꽃에는 아르니디올(arnidiol), 루테인(lutein), 플라보악산틴(flavoxanthin)이 함유되어 있다.

민들레_채취한 전초

민들레_장아찌

식용부위 및 조리법

- 봄철 꽃이 피기 전에 뿌리째 캐서 김치를 담그거나 데쳐서 나물로 이용한다.
- 새잎을 생 또는 무침으로, 데친 나물, 국거리 등으로 이용한다.
- 장아찌로 담가 먹을 수 있다.
- 쌈채소나 샐러드로 이용할 수도 있다.
- 말린 잎이나 전초, 꽃, 뿌리 등은 민들레 차로 우려 마신다. 뿌리를 잘 말려 구워서 우려내면 맛과 향, 빛깔까지 커피와 비슷하다.
- 개인의 식성과 취향에 따라 다양한 요리로 즐길 수 있다.

민들레의 효능

건위(健胃:위를 튼튼하게 함), 해열(解熱:열 내림), 발한(發汗:땀 내기), 해독(解毒), 강장(强壯), 이뇨(利尿), 소염(消炎:염증을 치료함), 지혈(止血), 최유, 산결(散結:뭉친 것을 풀어줌) 효능이 있다. 유선염(乳腺炎), 인후염(咽喉炎), 기관지염(氣管支炎), 늑막염(肋膜炎), 결막염(結膜炎), 위염(胃炎), 간염(肝炎), 요로감염(尿路感染) 등을 치료한다.

부추

Allii tuberosi semen

과 명	백합과(Liliaceae)
학 명	*Allium tuberosum* Rottler ex Spreng.
생약명	구자(韭子), 구채(韭菜)
이 명	정구지, 구채자(韭菜子), 구채인(韭菜仁), 기양초(起陽草)
분포 및 주산지	전국에서 재배하며 경북 포항지역이 최대 주산지이다.
유사종	산부추(*A. thunbergii*), 한라부추(*A. taouetii*) 및 돌부추(*A. koreanum* H. J. Choi & B. U. Oh) 등 동속근연식물

부추_본 밭에 심어진 모습

부추_열매

부추_꽃

[생김새] 우리나라 각처에서 재배하는 여러해살이풀로 키는 30~40㎝이다. 전체에 특이한 냄새가 나고, 비늘줄기는 좁은 난형, 겉비늘은 검은 빛을 띠는 노란색 섬유로 둘러싸인다. 잎은 밑에서 나오고 선형이며 육질이고 편평하며, 길이는 30㎝ 정도, 폭은 3~4㎜로 납작하고 녹색이다. 꽃줄기는 곧게 서고 꽃은 흰색이며 가늘고 작은 꽃자루에 촘촘히 모여 줄기 끝에서 반구형의 산형화서를 이룬다. 화관은 벌어지고 화피는 6장, 긴 타원상 바늘 모양이며 끝이 날카롭다. 수술은 6개로 화피조각보다 짧으며 꽃밥은 노란색이고 열매는 삭과(蒴果:속이 여러 칸으로 나누어지고 각 칸마다 씨가 들어 있는 열매)이며 심장형으로 삼각편으로 벌어져 검은 씨가 6개 나온다. 개화기는 8~9월이고, 결실기는 10월이다.

재배방법

재배적지

- **기온** : 부추 종자의 발아온도는 20℃ 전후이며, 10℃ 이하에서는 발아가 되지 않고, 25℃ 이상일 때는 발아일수가 짧아지나 발아율이 낮다. 생육적온은 18~20℃로 비교적 서늘한 기후를 좋아한다. 5℃ 이하에서는 생육이 정지되고, 25℃ 이상에서는 잎의 신장은 왕성하나 잎이 가늘고, 생육 부진으로 섬유질이 많고 발생 엽수도 적다. 추위와 더위에 극히 강하여 30℃까지 생육이 되고, 영하 6~10℃에서 지상부의 잎은 죽으나 땅속의 뿌리줄기는 영하 40℃에서도 견딘다. 30℃ 이상에서는 생육이 완만하고 그 이상이 되면 잎끝이 구부러지면서 잎이 황백색으로 타게 된다. 분얼 온도는 16~23℃에서 왕성

부추_종자

하며, 고온에서 자란 잎은 섬유질이 많고 질기며 생장이 불량한 관계로 품질이 좋지 않다. 그러나 시설재배에서는 28~30℃의 고온 및 다습, 약광에서도 품질에 영향이 없다. 자연상태에서는 이른 봄에 싹이 터서 가을까지 자라는데, 여름에는 개화 결실하고 겨울에는 지상부가 말라 죽고 휴면에 들어간다. 부추 잎은 온도의 영향에 따라 생장량이 급격히 증가되는데 15~20℃의 조건에서 가장 왕성하게 신장된다. 노지재배에서는 봄에 새잎이 생기는 데 4~5일이 소요되며 하루에 2㎝ 정도 자란다.

- **광** : 부추재배지의 광 조건은 적정범위가 2,400~40,000Lux에서 재배가능하며 너무 강한 광선에서는 섬유질이 많아지고 향기가 적어져서 품질이 떨어진다. 약한 광에서는 탄수화물 축적과 향기가 적어지게 되어 세력이 나빠지고 수량이 줄어들게 되므로 너무 많은 차광은 좋지 않다. 시설재배지의 경우 차광 하에서 연화재배가 가능하며, 수량을 높이기 위해서는 적당한 광선이 필수적이다.

- **토질** : 유기질이 풍부한 비옥한 사질양토가 적합하다. 부추재배에 적합한 지형은 평탄지에서 곡간지로, 경사도는 7° 이하가 좋으며, 토질은 특별히 가리지 않으나 지력이 좋고 배수가 양호한 양토 또는 사양토로 토심이 깊고 배수가 양호한 곳이 좋다. 부추를 재배하고자 하는 적당한 토양의 화학적 특성은 pH6.0~7.0의 중성 토양에서 가장 생육이 왕성하며 사질양토로서 비료에 대한 적응성이 강하기 때문에 유기질을 충분히 사용하도록 한다. 10a당 거름주는 총량은 요소 17.5㎏, 용과린 40㎏, 염화칼리 11㎏, 퇴비 1,300㎏, 석회 33㎏ 정도이다. 양이온 치환용량은 10~15가 적당하며 EC는 2.0 이하가 적당한 토양이다. 부추는 특히 산성에 약하므로 석회 사용에 의한 토양산도 교정이 필요하다.

- **수분** : 부추재배지는 충분한 양의 수분을 요구하며, 부족 시 섬유질이 많아진다. 건조와 한발에 매우 약하며 적정 토양수분함량은 80~90%이다. 부추는 양분과 수분의 흡수력이 매우 강하므로 건조에 매우 민감하다. 토양습도는 80% 전후로 토양수분이 많아야 생장도 원활하고 잎이 부드러워진다. 건조하면 상대적으로 생장이 둔화하고 섬유질이 많아진다. 장마기에는 배수를 철저히 해야 하며, 침수와 과습은 식물체를 썩어버리게 한다.

파종 및 정식

- **품종** : 그린벨트, 대엽, 재래종 등의 보통 품종과 화뢰 전용인 덴타볼 등이 있고, 대만부추는 화아분화가 매우 빠르고, 일본재래종은 비교적 빠른 품종이며, 대엽부추, 만주부추 등은 중간인 품종이다. 그린벨트종은 화아분화가 늦은 품종이다.
- **번식** : 종자번식, 분주(포기나누기)번식이 있다. 종자 파종은 2년째부터 수확이 가능하며 분주번식은 당년 수확이 가능하다.
- **파종 및 정식 시기** : 파종적기는 3월 중하순 또는 9월 중순이다. 봄에 파종한 것의 정식 시기는 7월 상순경이며, 9월에 파종한 것은 이듬해 봄 5월 하순경에 정식한다. 심는 거리는 45㎝ 이랑에 포기 사이 20~25㎝이며 한곳에 5~6포기를 심는다.
- **시비량** : 10a당 질소 23㎏, 인산 12㎏, 칼리 15㎏를 기준으로 하여, 잎을 수확한 다음 나누어 주거나 액비를 수확할 때마다 주면 생육이 좋다.

주요관리

- 물을 충분히 주며 배수가 잘 되어야 한다. 병해충은 비교적 적으나 가끔 잿빛곰팡이병이 발생하는 수가 있는데 밀식과 과습을 피하고 석회보르도액을 살포한다.

[**성분**] 디메틸디설파이드(dimethyldisulfide), 디알릴디설파이드(diallyldisulfide), 메틸알릴디설파이드(methylallyldisulfide), 리키스테인설폭사이드(llycysteine sulfoxide), 비타민 C(vitamin C) 등이 함유되어 있다.

부추_채취한 모습

부추_채취하기 적당한 시기

식용부위 및 조리법

- 지상부를 생으로 각종 요리의 재료로 쓴다. 김치, 무침, 횟집의 쌈채소, 튀김, 부추죽에도 사용하며 전, 비빔밥 등의 재료에도 사용한다.
- 쌈채소나 샐러드로 이용할 수도 있다.
- 개인의 식성과 취향에 따라 다양한 요리로 즐길 수 있다.
- 부추는 질산염이 많아서 조리하여 오래두면 아질산염으로 변하므로, 먹으면 거부감이 생긴다. 통변작용이 있고 장의 지성물질을 흡수하여 다이어트에 좋으며 면역세포 활성화로 암 예방에도 도움이 된다.

부추의 효능

강장(强壯), 강정(强精), 온중(溫中:중초, 즉 비위를 따뜻하게 함), 하기, 행기, 해독(解毒), 보간신(補肝腎), 흥분(興奮), 지뇨(止尿)의 효능이 있다. 비늘줄기는 지사제(止瀉劑: 설사 멎이 약)로 쓰고 씨앗은 이뇨(利尿), 강장제(强壯劑)로, 잎과 줄기는 코피 등의 각종 지혈제(止血劑)로 쓴다. 흉비(胸痺:가슴이 결리고 아픈 증상), 반위(反胃:음식물을 받아 내리지 못하고 위로 넘기는 증상, 위암 등의 질환에 나타남), 유정(遺精), 유뇨(遺尿), 소갈(消渴:당뇨), 탈항(脫肛), 대하(帶下), 화상(火傷), 요통(腰痛)을 치료한다.

산마늘

Allii Victorialis Bulbus

과 명	백합과(Liliaceae)
학 명	*Allium microdictyon* Prokh.
생약명	격총(茖蔥)
이 명	산총(山葱), 산산(山蒜), 명이, 맹이
분포 및 주산지	울릉도, 지리산 및 설악산, 북부지방의 깊은 산 숲 속에서 자란다.

산마늘_지상부

산마늘_잎

산마늘_꽃

[**생김새**] 여러해살이풀로 해발 300m 이상에서 자생한다. 백색 또는 자줏빛의 꽃이 5~7월에 피며 꽃턱잎은 2개로 갈라지며 소화경은 3cm 내외이고, 높이 40~70cm의 꽃줄기 끝에 산형화서로 달린다. 잎은 줄기의 밑부분을 감싼 뒤 2~3개씩 달리고 길이는 20~30cm, 너비는 3~10cm 정도이다. 화피는 타원형으로 6장이며 꽃잎처럼 보이고 수술은 6개이고 꽃밥은 황록색이다. 잎의 색은 약간 흰 빛을 띤 녹색이고 좁은 타원형이며 양끝이 좁아지고 가장자리는 밋밋하며 두껍다. 인경은 약간 굽어 있으며 겉껍질은 그물눈 같은 섬유로 덮이고, 갈색이다. 열매는 삭과(蒴果:속이 여러 칸으로 나누어지고 각 칸마다 씨가 들어 있는 열매)로 3개의 심피로 되어 있고 종자는 흑색이다.

재배방법

재배적지

- **품종**: 자생지역에 따라 생태적으로 차이가 있다. 즉 내륙지역인 백두대간을 중심으로 한 '오대종'과 도서지역 자생종인 '울릉종'이 있으며 기후 생태적으로 환경이 다른 진화과정에 의해 파생된 것으로 보고되고 있다. 오대종은 잎이 작고(19×8cm), 잎 수는 많으며(5.8매), 지하부는 적갈색으로 작고(5.1×1.1cm) 굽어 있으며 꽃은 작고 종자량도 적다(53립). 그리고 마늘향은 많다. 울릉종은 잎이 크고(26×15cm), 잎 수는 적으며(2.7매), 지하부 인경은 흰색으로 통통하고(5.3×2.2cm), 꽃은 크고 종자량도 많다(130립). 그리고 마늘향은 적다.
- 오대종은 표고 600m 이상의 고지대에서만 재배가 가능하나, 울릉종은 평난지에서 고랭지 지역에 이르기까지 재배 적응 폭이 넓은 편이다.
- 산마늘은 서늘한 지역에서 잘 자라며, 땅이 거름지고 생육기간 중에 토양수분을 넉넉하게 유지할 수 있는 곳이 재배적지이다. 햇볕이 강한 곳은 차광망을 설치하여 그늘을 만들어주면 잎이 부드럽고 여름철에 잎이 마르는 현상을 줄일 수 있다.
- **온도**: 산마늘은 해발 600m 이상 되는 고산지대와 울릉도와 같이 여름이 시원한 지역에서 잘 자란다. 이들 지역의 기상조건은 생육 최성기인 5~7월의 기온이 8~20℃로 서늘하다. 산마늘은 마늘처럼 기온이 높아지면 하고(夏枯)현상이 발생한다. 따라서 초가을까지 잎이 고사되지 않고 푸른 상태를 유지할 수 있는 표고 600m 이상의 지역이 재배적지이다. 표고가 낮은 지역에서 재배하면 여름철에 높은 기온으로 인하여 잎이 마르고 영양축적이 나빠져 이듬해의 생육이 불량해지고 수량이 낮아진다. 산마늘은 봄철 한낮의 온도가 5~6℃가 되는 시기에 생육을 개시하며, 생육 초기에는 저온에 견디는 힘이 강해 야간기온이 -6.7℃까지 떨어지는 조건에서도 잎이 얼었다 녹으면 정상적으로 회복되기 때문에 동해 피해를 받는 일은 거의 없다. 다만 이 시기에 잦은 저온을 만나고 주야 간의 온도차가 크면 잎이 우글쭈글해지는 축엽 증상이 일어난다. 따라서 생육 초기 온도가 안정적이고 바람을 등진 온화한 구릉 지역에서 우수한 품질의 경엽이 생산된다. 산마늘의 생육적온 범위는 야간 12~15℃이고, 낮 동안의 온도는 18~20℃ 내외로 비교적 서늘한 환경을 좋아한다. 생육기간 중 낮 온도가 28℃ 이상 올라가게 되면 잎으로부터 호흡량이 증가하여 양분 소모를 촉진하게 되므로 잎의 노화가 빠르게 진행된다. 또한 온도 조건은 잎의 품질에도 영향을 미친다. 낮 기온이 10~15℃의 낮은 온도 범위에서는 매운맛과 부드러운 향을 느낄 수 있으나 그 이상의 온

산마늘_새싹

산마늘_뿌리(인경)

도가 지속되면 매운맛과 향 성분이 감소한다. 따라서 평난지에서 재배한 산마늘보다 고지대에서 생산된 것이 매운맛이 강하다.

- **습도** : 대기 중의 상대습도는 생육 초기 잎의 크기에 영향을 미친다. 상대습도가 높은 조건에서는 엽 신장이 1.5배 정도 커지나 반대로 건조할 경우에는 잎의 크기와 줄기 신장이 억제된다. 따라서 산마늘과 같이 광엽이면서 반 음지식물인 경우에는 상대습도를 75~85%로 다습한 조건에서 관리하여야 잎 품질이 좋아지고 건전 생육을 도모할 수 있다.

- **광조건** : 햇빛은 광합성에 필수적인 요인으로 식물체의 생장에 크게 영향을 끼친다. 생육이 왕성한 4월 하순경의 산마늘 광합성 보상점은 1,000Lux의 범위에 있고, 군락상태에서의 광포화점은 35,000~40,000Lux의 범위에 있다. 생육 초기에는 광요구량이 높은 편이나 온도가 높은 6월 이후부터는 반대의 경향을 나타낸다. 산마늘은 광보상점이 낮은 음지식물이므로 양지성의 식물과 교호로 간작재배를 할 수 있을 뿐만 아니라 수목류 밑에서도 높은 재배 적응력을 가진다. 그러나 햇빛을 지나치게 차광할 경우에는 지상부의 잎 무게가 감소하고 줄기가 가늘어지며, 인경구 비대와 분구가 억제되므로 해가림 정도를 30~50% 수준에서 재배하는 것이 좋다.

- **토양온도** : 산마늘은 대표적인 저온성 식물로 월동 후 해빙과 동시에 생육을 개시한다. 겨울 동안 산마늘 촉성 재배를 할 경우 묵은 뿌리로부터 새로운 뿌리의 발생은 5℃ 이상의 조건에서 이루어지기 시작하며 15~18℃에서 뿌리의 활력이 최고조에 이르고, 그 이상의 온도 조건에서는 급격히 쇠퇴하는 경향을 보인다.

- **토양 이화학성** : 산마늘은 토양 중의 산소 농도가 낮아지면 뿌리 자람이 억제되고 인경구 비대와 분얼이 억제되므로 토심이 깊으면서 물 빠짐이 잘 되어야 하고, 토양 통기성이 좋아야 한다. 대체로 산마늘은 점토질 토양에서는 수분 및 공기의 투과가 불량하기 때문에 생장이 억제된다. 반대로 사질토에서는 수분 및 공기의 투과는 좋지만 보수력이 낮아 생장의 제한을 받게 된다. 따라서 산마늘 생육에 적합한 토양은 사질양토 또는 식양토가 가장 이상적이라고 할 수 있다. 자생지의 토양은 pH 5.3 정도로 약산성이며 특히 활엽수의 낙엽이 부숙되어 유기물 함량이 11~13% 정도로 매우 많고 칼슘(Ca) 함량이 높은 곳이 좋다.

- **토양수분** : 산마늘의 잎과 줄기는 출현기인 3월 상순부터 신장하기 시작하여 경엽 전개기에 해당하는 4월 하순경에 생육이 가장 왕성하고, 개화하기 직전인 6월 중순경에 최대 신장기에 도달하게 되는데 수분 요구량은 4월 하순경의 경엽 전개기에 가장 높아 토양수분을 65~70%로 다습하게 관리하는 것이 좋고, 개화기부터 결실기까지는 50~60%로 비교적 건조한 조건에서 관리하는 것이 하고(夏枯) 방지와 무름병 피해를 줄일 수 있다.

파종 및 정식

- 번식은 종자번식과 지하부 인경을 나누어 심는 방법이 있다. 종자번식은 대량번식에는 유리하지

만, 씨앗을 뿌려서 인경과 잎을 생산하기 위한 기간이 최소 4~5년 소요된다. 인경을 나누어 심는 방법은 심은 후 바로 잎을 생산할 수는 있으나 종묘비가 많이 소요된다.

- **종자 파종** : 종자 파종은 파종상자를 이용하여 파종하거나 노지에 파종상을 만들어 파종하면 되는데 파종상자에 파종할 경우에는 피트모스를 상토로 이용하면 겨울에 서릿발 피해를 막을 수 있고 상자가 가벼워 관리하기 쉽다. 1㎠당 2~3립의 밀도로 흩어 뿌림하고 1㎝ 정도 복토하면 된다. 산마늘은 비교적 깊게 파종되어도 발아가 잘 되는 편이다. 얕게 복토할 경우 종자가 노출되거나 상면이 마르면 종자에 수분 침투가 잘 안 되어 오히려 발아율이 떨어질 수 있다. 노지에 파종상을 만들어 파종할 경우에는 물 빠짐이 잘되는 미사질 토양이 좋고, 잡초 발생이 적었던 포장을 선정한다. 이랑 폭은 관리하기 쉽게 1m 폭의 넓은 이랑을 만든 다음 골 사이를 6㎝ 간격으로 하고 종자는 0.5㎝ 내외의 간격으로 줄뿌림하고 복토하며, 그 위에 왕겨 등을 덮어 파종상이 건조하지 않도록 한다.

- **포기나누기** : 종자번식은 수확할 때까지 3~4년이 걸리는 단점이 있는 데 반해 포기나누기는 당년에도 수확이 가능하다. 하지만 종구를 구하기가 어렵고 가격이 비싼 결점이 있다. 3~4년 정도 된 산마늘의 인경구는 흡사 그물눈과 같이 생긴 섬유질로 덮여 있는데, 이것을 2~3개로 쪼개어 분주하면 된다. 시기는 지상부가 고사한 뒤에 9~10월에 하는 것이 가장 좋다. 산마늘은 이른 봄 해빙과 동시에 싹이 나오기 때문에 봄에 포기나누기를 하면 활착이 잘 되지 않아 생육이 부진하고 수량이 적어지므로 피하는 것이 좋다.

- **정식** : 본포장에 충분한 유기물과 석회를 아주심기 2주 전에 살포하고, 아주심기 직전에 갈아엎고, 고른 다음 120㎝ 정도의 두둑을 만든다. 종자번식에 의한 묘는 1년생을 심을 경우 묘 활착은 물론 포장관리가 어려우므로 2년 동안 육묘한 묘주를 심는 것이 유리하며 포기당 3~4개를 모아 심는다. 여러 해 묵은 포기를 분주한 묘라면 포기당 2~3개를 모아 심으며 재식거리는 골 사이 30㎝, 포기 사이 20㎝로 심을 경우 10a당 약 16,500포기가 소요된다. 산마늘 종구를 심은 후에 생육이 급격히 저하하면서 활착이 잘 안 되는 이유는 뿌리 재생속도가 매우 느리기 때문인데, 손상된 만큼 직접적인 생육에 영향을 미치므로 가급적 뿌리를 다치지 않게 다루면서 아주심기를 해야 한다. 산마늘은 대체로 가을에 심어야 활착이 유리한데 인경구 정단 부위가 약 3~5㎝ 묻히도록 다소 깊게 심어야 가뭄 피해를 덜 받고 겨울 동안의 서릿발 피해를 줄일 수 있다.

- **시비** : 정식 1년 차에는 10a당 퇴비 3,000㎏, 깻묵과 계분을 각각 100㎏ 정도 사용하고 화학비료는 10a당 요소 17㎏, 인산 30㎏, 황산칼리 14㎏을 밑거름으로 사용한 다음 경운하여 두었다가 정식 시 다시 갈고 작휴를 조성한다. 정식 2년차부터는 산마늘의 초세가 회복된 상태이므로 출현기인 3월부터 6월까지 생육이 왕성하고 비료효과도 높게 나타난다. 정식 2년차부터는 산마늘 포기 사이에 표층시비를 하는 것이므로 휘발성이 강한 화학비료보다는 지효성 내지 완효성 비료를 사용하는 것이 좋다. 웃거름 주는 시기는 싹이 출현하기 전에 부산물 비료를 10a당 250㎏을 사용하

면 토양을 개량하는 효과는 물론 비효가 지속적으로 발휘되는 장점이 있다.

- **물관리** : 산마늘은 자생지나 산지 재배지를 보면 가뭄에도 어느 정도 저항성이 높은 편이다. 그러나 어느 한계 이상으로 수분이 부족하면 잎이 황화하여 쇠약하게 되므로 적당한 물관리가 필요하다. 또한 산마늘은 표고 600m 이상의 고랭지 지역에서는 차광을 하지 않은 나지상태에서도 재배가 가능하나 차광을 하면 잎의 품질이 좋아지고 수량이 증가한다.

- **해가림** : 종묘 배양이나 채종을 목적으로 할 경우에는 5월 이전까지 충분한 햇빛을 받도록 나지상태에서 관리하고 온도가 급격히 상승하는 5월 이후에 30% 정도 차광해준다. 종자 채종용 포장은 30% 미만의 약한 차광조건에서 결실률이 높고, 50% 이상 차광 정도를 높이면 꽃이 개화하지 않고 낙뢰하여 채종량이 급감하게 된다. 경엽 생산을 목적으로 한 재배에 있어서는 4월 이전에 30~50%로 차광을 할 경우 경엽 신장을 촉진하여 25~30% 수량을 증수할 수 있다.

- **제초** : 산마늘에 대한 제초제는 아직까지 개발된 것이 없으므로 육묘상이나 본포에서는 손 제초에 의존할 수 밖에 없다. 산마늘은 생육량이 적어 잡초에 의한 피해가 클 수 있으므로 생육기인 이른 봄부터 잡초를 제거해주어야 한다. 특히 산마늘이 보이지 않기 때문에 잡초를 그대로 방치해두는 경우가 있으나 이듬해 잡초 발생을 억제하기 위해 철저히 풀 뽑아주기를 해야 한다.

- **수확** : 산마늘은 4월 하순경 그루의 아랫잎 1장을 남기거나 5년 이상 된 포기 중 수확 줄기 수가 15개 이상 될 경우 5개 정도 줄기를 남기고 수확하며 수확하는 잎줄기를 지면에서 3㎝ 정도 남겨두고 잘라 뿌리 인경 생육에 도움을 준다. 왜냐하면 산마늘은 한번 잎을 따면 그해에는 다시 잎이 돋아나지 않기 때문에 다음 해의 충실한 새싹 및 포기나누기 때 건실한 종구를 생산할 수 있게 하기 위함이다.

- **병해충관리** : 산마늘에 발생하는 병해로는 잎마름병, 무름병, 흰비단병, 충해로는 파좀나방 등이 발생하지만 품목고시된 농약이 없어 환경개선을 통하여 발생량을 줄이도록 한다.

[**성 분**] 비늘줄기에 메칠알릴디설파이드(methylallyldisulfide), 메칠알릴트리설파이드(methyallyltrisulfide), 디알릴디설파이드(diallyldisulfide)가 함유되어 있다. 산마늘 먹는 부위 100g 중에는 열량 37.5g, 단백질 2.5g, 지질 0.2g, 당질 7.5g, 조섬유 1.8g 등이 함유되어 있고 잎에는 탄수화물 2~3%를 함유하며 당질은 디글루코스(D-glucose), 디프럭토스(D-fructose), 네오케토스(neoketose)가 분리되었다.

산마늘_채취하기 적당한 시기

산마늘_장아찌

식용부위 및 조리법
- 어린잎과 순은(어린잎이 막 벌어졌을 때) 쌈, 생채, 무침, 절임, 장아찌, 튀김, 볶음, 샐러드 등의 다양한 요리에 사용할 수 있다.
- 묵나물로도 이용한다.
- 개인의 식성과 취향에 따라 다양한 요리로 즐길 수 있다.

산마늘의 효능

비늘줄기에 강장(強壯), 이뇨(利尿), 구충(驅蟲), 최유(催乳), 온중(溫中: 중초, 즉 비위를 따뜻하게 함), 건위(健胃:위를 튼튼하게 함), 해독(解毒), 월경과다(月經夥多)에 효능이 있다. 소화불량(消化不良), 심장통(心腸痛), 옹종(癰腫:기혈이 사독에 의해 막힘으로 인하여 국소가 종창하는 증상), 독사교상(毒蛇咬傷:독사에 물린 상처), 창독(瘡毒)을 치료한다. 항암(抗癌)에도 응용하고 있다.

참고사항

중국에서는 해발 2,500m에서도 자생지가 있어 고산식물의 특성이 있다.

삽주

Atractylodis rhizoma alba

과 명	국화과(Compositae)
학 명	*Atractylodes ovata* (Thunb.) DC.
생약명	백출(白朮)
이 명	창출(蒼朮), 참삽주, 산연(山連), 산정(山精), 산강(山姜), 동백출(冬白朮)
분포 및 주산지	전국 각지의 깊은 산속에 분포한다.
유사종	당삽주(*A. koreana*), 일창출(*A. lancea*), 큰삽주(*A. japonica*)

삽주_지상부

삽주_잎

삽주_꽃

[**생김새**] 여러해살이풀로 높이가 30~100cm에 달하며 뿌리가 굵고 마디가 있다. 근생엽과 밑부분의 잎은 꽃이 필 때 없어지고 경생엽은 긴 타원형 또는 타원형이며 길이 8~11cm로서 표면에 윤채가 있다. 뒷면에 흰빛이 돌고 가장자리에 짧은 바늘 같은 가시가 있으며 잎자루의 길이는 3~8cm이다. 윗부분의 잎은 갈라지지 않고 잎자루가 거의 없다. 꽃은 2가화로 7~10월에 피며 지름은 15~20mm이며 원줄기 끝에 달리고, 포엽은 꽃과 길이가 같으며 2줄로 달리고 2회 우상(羽狀:깃꼴)으로 갈라진다. 열매는 수과(穗果)로 길며 털이 있고 관모는 길이 8~9mm로 갈색이 돈다.

[재배방법]

재배적지

- **기후 및 토질** : 삽주는 초성이 강하여 어느 곳에서나 잘 자라지만 서늘한 산간지가 재배적지이며, 토심이 깊고 비옥한 산지, 양지바르고 고온·다습하지 않은 곳에 잘 자란다. 토질은 너무 건조하지 않고 배수가 양호한 사질양토, 화산회질양토, 부식질양토가 알맞다.

- **주산지** : 경상북도 상주 및 강원도 등지에서 많이 재배한다.

번식 및 정식

- **품종** : 농촌진흥청 원예특작과학원 인삼특작부에서 육성한 '고출', '후출', '다원', '상원' 등이 보급되었다. 네 품종 모두 양질다수성이라는 공통점이 있고, 후출은 전국 평야지가 적응지역이며, 나머지 세 품종은 강원 산간고랭지를 제외한 전국이 적응지역이다.

- **번식** : 종자와 분주(포기나누기)로 번식한다. 종자는 맺히기는 하나 결실량이 적고 파종해도 발아율이 낮다. 중국의 큰삽주는 종자번식이 잘 된다.

- **파종 및 정식 시기** : 종자는 봄에 파종하며, 분주는 봄이나 가을철에 큰 포기를 캐서 뿌리부분은 잘라서 약재로 쓰고 노두(蘆頭) 부분을 떼어서 심는다. 흑색 비닐을 피복하고 심는 거리는 120㎝ 이랑에 4줄로, 포기 사이 15~20㎝ 간격으로 심는다.

주요관리

- **꽃봉오리 제거** : 7월 중순 전후에 종자를 받을 포기를 제외하고 꽃봉오리를 제거한다. 삽주는 고온다습한 것을 싫어하기 때문에 배수를 잘 해야 한다. 봄철에 가물 때에는 진딧물 발생이 많다. 여름철에는 뿌리썩음 증상과 흰가루병을 방제한다.

삽주_본 밭에 심어진 모습

삽주_종자(큰꽃삽주)

삽주_뿌리

[성분] 창출의 기원이 되는 모창출의 정유성분 중에는 아트락틸로딘(atractylodin), 히네솔(hinesol), 베타-유데스몰(β-eudesmol), 엘레몰(elemol), 아트락틸로디놀(atractylodinol), 아세틸아트락틸로디놀(acetylatractylodinol), 아트락틸론(atractylon), 3베타-하이드록실아트락틸론(3β-hydroxyatractylon), 3-베타-아세톡실아트락틸론(3β-acetoxyatrac tylon), 알파-이소벤티벤(α-isovetivene), 베타-셀리넨(β-selinene), 아르-쿠루쿠멘(ar-curucumene), 아락틸롤(atractylol), 아라틸로사이드(atractyloside) A, B, C, D, E, F, H, I 가 있다. 창출은 모창출과 성분이 유사하며, 알파-비사볼롤(α-bisabolol)이 있다. 조선창출에는 아트락틸로딘 함량이 비교적 높다. 백출에는 부테놀라이드 A와 B(butenolide A와 B), 3-베타-아세톡실아트락틸론(3β-acetoxyatrac tylon), 3베타-하이드록실아트락틸론(3β-hydroxyatractylon), 셀리나(selina)-4 (14), 7 (11)-dien-8-one 등이 있고, 아트락틸론, 트락틸로딘은 함유하지 않는다.

[식용부위 및 조리법]
- 어린잎에는 비타민 A가 많아서 나물로 무쳐 먹을 수 있으며 데쳐 말려서 묵나물로 이용하기도 한다.
- 장아찌로 담가 먹을 수 있다.
- 어린잎은 쌈채소나 샐러드로 이용할 수도 있다.
- 개인의 식성과 취향에 따라 다양한 요리로 즐길 수 있다.

큰꽃삽주_나물용으로 채취하기 적당한 시기

삽주_잎과 줄기

[삽주의 효능] 방향성(芳香性), 건비(健脾), 건위(健胃:위를 튼튼하게 함), 조습(燥濕), 발한(發汗:땀 내기), 해울(解鬱:억눌려 울체된 기를 풀어줌), 강장(强壯) 효능이 있다.

정유는 방부 효능이 있다. 비위허약(脾胃虛弱)으로 인한 모든 증상, 식욕부진(食慾不振), 복명(腹鳴), 동계(動悸), 소변불리(小便不利), 수종(水腫), 습비(濕痺:습사로 인하여 결리고 아픈 증상), 황달(黃疸), 현훈(眩暈), 도한(盜汗), 자한(自汗), 설사(泄瀉), 권태(倦怠), 신체동통(身體疼痛:온몸이 쑤시고 아픈 증상) 등을 치료한다.

[참고사항] 백출(白朮)과 창출(蒼朮)이 모두 비위를 보하고 튼튼하게 하며 습사를 말리고 이수(利水)하는 작용은 같으나 백출은 지한(止汗:땀을 멎게 함) 작용이 있고, 창출은 발한(發汗)작용이 있다.

석잠풀

Stachytis herba

과 명	꿀풀과(Labiatae)
학 명	*Stachys japonica* Miq.
생약명	초석잠(草石蠶)
이 명	석잠(石蠶), 토석잠(土石蠶), 개조(芥苴), 노조(勞苴), 향소(香蘇), 야자소(野紫蘇), 오뢰공(烏雷公), 야지잠(野地蠶)
분포 및 주산지	전국의 산과 들에 분포한다.
유사종	개석잠풀(*Stachys japonica* var. *hispidula*), 털석잠풀(*Stachys japonica* var. *hispida*)

석잠풀_잎

석잠풀_줄기

석잠풀_꽃

[생김새] 여러해살이풀로 생육환경은 양지바르고 물 빠짐이 좋은 곳에서 자란다. 키는 30~60㎝이고, 잎은 버들 모양이며 길이가 4~8㎝, 폭이 1~2.5㎝, 잎자루 길이가 0.5~1.5㎝이고, 마주나고 톱니가 있으며 바늘 모양이다. 끝은 뾰족하고 마디의 흰 털 외에는 털이 없고 둔하게 네모가 진다. 꽃은 연한 홍색으로 줄기와 잎 사이에 돌아가며 피고 길이는 1.2~1.5㎝이다. 수술은 4개이며 그중 2개는 길다. 뿌리는 흰색의 지하경(地下莖:땅속줄기)이 옆으로 길게 뻗으며 마디 부분에서 잔뿌리가 여러 개 생긴다. 열매는 10월경에 달린다. 꽃을 포함한 전초를 약용으로 쓴다.

[재배방법]

재배적지
– 배수가 잘 되고 땅이 기름진 곳이면 우리나라 전역에서 재배가 가능하다. 재배할 경우 높은 이랑을 만들어 재배한다. 여름철 비가 잦을 경우 뿌리가 상하기 쉽다.

번식 및 정식
– 번식은 가는 지하경(地下莖:땅속줄기)을 잘라서 심거나, 괴경(塊莖:덩이줄기)을 심는다. 정식은 120~150㎝의 이랑에 흑색 비닐을 피복하여 비닐을 뚫고 2줄로, 포기 사이는 30㎝ 정도로 심는다.

주요관리
– 생육기에 뿌리가 얕게 분포하므로 날씨가 가물면 물을 준다. 거름기가 많으면 키가 커서 쓰러짐이 발생하고 지하경이 땅 위로 많이 나와 지하부의 뿌리 비대가 불량하여지므로 생육을 조절할 필요가 있다. 특별한 병충해는 없다.

석잠풀_어린잎과 줄기

석잠풀_번식용 괴경(뿌리)

[성 분]
전초에는 카페인산(caffeic acid), 7-메톡시바이칼린(7-methoxybaicalein), 팔러스트린(palustrine), 팔러스트리노사이드(palustrinoside) 등이 함유되어 있다.

[식용부위 및 조리법]

- 뿌리를 초간장에 절여서 식용으로 먹기도 한다.
- 장아찌로 담가 먹을 수 있다.
- 뿌리는 말린 후 볶아서 차로 이용할 수도 있다.
- 개인의 식성과 취향에 따라 다양한 요리로 즐길 수 있다.

석잠풀_채취한 뿌리(괴경)

석잠풀_장아찌

[**석잠풀의 효능**] 발한(發汗:땀 내기), 청열(淸熱:열 내림), 소종(消腫:종기나 부스럼을 삭임), 항균(抗菌), 지혈(止血), 이기(理氣) 효능이 있다. 감모(感冒:감기), 두통(頭痛), 인후염(咽喉炎), 기관지염(氣管支炎), 폐농양(肺膿瘍), 폐양(肺瘍), 뉵혈(衄血:코피), 토혈(吐血:피를 토함), 뇨혈(尿血), 변혈(便血:혈변), 월경불순(月經不順), 월경과다(月經過多), 자궁통(子宮痛), 종독(腫毒), 백일해(百日咳), 이질(痢疾)을 치료한다.

석잠풀 103

쇠무릎

Achyranthis radix

과 명	비름과(Amaranthaceae)
학 명	*Achyranthes japonica* (Miq.) Nakai
생약명	우슬(牛膝)
이 명	우실, 쇠무릎지기, 쇠무릎풀, 계교골(鷄膠骨), 백배(百倍)
분포 및 주산지	우리나라에는 제주, 전남, 전북, 경남, 경북, 충남, 충북, 강원, 경기도에 야생하며 분포한다.
유사종	회우슬(*A. bidentata*), 당우슬(*A. aspera*), 천우슬(*Cyathula officinalis* Kuan.)

쇠무릎_잎(앞면) 쇠무릎_잎(뒷면) 쇠무릎_줄기 쇠무릎_꽃

[생김새] 여러해살이풀로 줄기는 곧게 서고 높이는 약 1m이상이다. 원줄기는 네모지고 곧게 서며 가지가 많이 갈라진다. 마디는 소의 무릎같이 굵어진다. 잎은 마주나며 잎자루가 있고 타원형으로 잎의 밑은 쐐기 모양이고 끝이 날카로우며 길이는 10~20㎝ 내외이다. 꽃은 녹색의 수상화서로서 7~9월에 피며 정생(頂生)하거나 엽액(葉腋)에서 나온다. 포는 송곳형이고 꽃받침은 5조각이며 바늘 모양이다. 수술은 5개, 암술은 1개이며 씨방은 타원형이고 화주는 1개이다. 과실은 포과(胞果)로서 긴 타원형이며 꽃받침에 싸여 있고 종자는 1개씩 들어 있으며 황록색이다. 종자는 옷에 잘 달라붙는다.

재배방법

재배적지
- 지하수가 낮고 물 빠짐이 좋으며, 햇볕이 잘 드는 홍적토(洪積土)가 적합하며 식질토, 사질토는 생육이 나쁘다. 우엉의 뒷작물로 좋으나 선충에 매우 약하므로 토양선충을 완전히 방제하고 심어야 한다.

파종 및 정식
- **번식** : 종자번식을 한다.
- **파종** : 5월 중하순에 이랑 너비 150cm의 높은 두둑으로 하여 줄 사이 75cm의 골을 2개 만들어 10a당 깻묵 37kg, 복합비료 22kg을 넣고 골의 흙과 섞이게 하여 고른 다음 줄뿌림을 한다. 종자가 겨우 묻힐 정도(2~4mm)로 복토한 후 짚으로 덮는다. 쇠무릎 전용 비닐을 피복하여 재배하면 잡초 방제를 줄이고, 초기 수분관리와 온도관리에도 유용하므로 많이 이용하고 있다.

쇠무릎_꽃봉오리

주요관리
- 솎음작업을 하지 않고 키우는 것이 좋고 수확기가 되어서도 거름 부족이 일어나지 않도록 웃거름을 넉넉히 준다. 7~8월에 채종할 것을 제외하고 순치기를 하면 영양분을 뿌리로 저장하는 데 이롭다.
- 병해충 방제 : 뿌리썩음병, 토양선충, 도둑나방을 방제한다.

쇠무릎_뿌리

성분

뿌리에 사포닌(saponin), 엑다이손(ecdysone), 이노코스테론(inokosterone), 마이시스트산(mysistic acid), 베타-시토스테롤(β-sitosterol), 감마-아미노뷰티릭산(γ-aminobutyric acid), 숙신산(succinic acid), 베타인(betaine) 등의 주요성분이 함유되어 있다.

쇠무릎_채소용으로 채취하기 적당한 시기

쇠무릎_어린잎

식용부위 및 조리법

- 어린잎은 나물로, 또 살짝 데쳐서 초간장과 된장에 무쳐 숙채로 먹는다.
- 성숙한 잎은 녹차같이 만들어 차로 마신다.
- 국을 끓여 먹을 수도 있다.
- 잎을 데쳐서 건조하여 나물밥을 해 먹을 수도 있다.
- 장아찌로 담가 먹을 수 있다.
- 뿌리는 식혜로 담가 먹는다.
- 개인의 식성과 취향에 따라 다양한 요리로 즐길 수 있나.

[쇠무릎의 효능] 활혈통경(活血通經:혈액순환을 원활하게 하고 경락을 잘 통하게 함), 보간신(補肝腎), 강근골(強筋骨:근육과 뼈를 튼튼하게 함), 산어혈(散瘀血:어혈을 흩어지게 함), 소옹저(消癰疽), 이수통림(利水通淋:수도를 이롭게 하고 임탁을 통하게 함), 소염의 효능이 있다. 이뇨(利尿), 경폐(經閉), 난산(難産), 수종(水腫), 포의불하(胞衣不下), 산후혈어복통(山後血瘀腹痛:산후에 어혈이 잘 빠져나오지 않아서 오는 심한 복통), 임병(淋病:임질), 난산(難産), 복통, 후비(喉痺:인후부가 붓고 아프며 목이 잠기고 음식을 삼키기 곤란한 증상), 신경통(神經痛)을 치료한다.

[참고사항] 중국산 회우슬은 *A. bidentata*의 뿌리를 건조시킨 것으로 이것이 정품이다. 천우슬은 *Cyathula officinalis*의 뿌리를 건조한 것이다.

쇠무릎_열매

쇠무릎_종자

쑥

Artemisiae argyi folium

과 명	국화과(Compositae)
학 명	*Artemisia princeps* Pamp.
생약명	애엽(艾葉)
이 명	약쑥, 사재발쑥, 타래쑥, 애호(艾蒿), 의초(醫草), 향애(香艾)
분포 및 주산지	우리나라에서는 전국 각지에 야생하며 특히 강화도산이 유명하다.
유사종	사철쑥(*A. capillaris*), 제비쑥(*A. japonica*)

쑥_지상부

쑥_잎(앞면)

쑥_잎(뒷면)

[생김새] 여러해살이풀로 높이는 50~100㎝이며 지상부의 가지가 많이 나누어진다. 땅속 뿌리줄기는 옆으로 기고 뿌리 잎은 무리 지어 돋아난다. 뿌리로부터 나오는 근생엽은 어긋나고 타원형이며 길이 6~12㎝, 너비 4~8㎝로서 밑부분은 회백색 밀모(密毛:빽빽한 털)가 있으며 새의 깃 모양으로 깊게 갈라지고 위로 올라갈수록 갈라지는 형상이 준다. 열편(裂片)은 장타원상 바늘 모양이며 잎에서 특유의 향내가 난다. 꽃은 담홍자색으로 8~10월에 피며 복총상화서(複叢狀花序:겹으로 모아나기 꽃차례)로서 한쪽으로 치우쳐 달리며 바람에 의하여 수분한다. 총포(總苞)

는 장타원상 종형이고 꽃받침은 나출되어 있으며 과실은 수과(穗果:이삭 모양의 열매)이다.

황해쑥(A. argyi)은 곧게 자라 가지를 치지 않으며, 줄기와 잎 뒷면에 짧은 털이 조밀하게 있어 뿌옇게 보이며 줄기가 강건하여 비 온 후에도 바람에 쓰러지지 않는다.

[재배방법]

재배적지
- 기후에 대한 적응성이 강하고 토양이 비옥할수록 적응성도 강해지므로 보통 공한지 등을 이용해 재배한다. 배수가 되는 곳이면 아무 데서나 잘 자란다.

번식 및 정식
- **번식** : 종자 파종과 분주(포기나누기)로 번식하며 대부분 분주하여 사용한다.
- **분주** : 3~4월에 근경으로부터 나온 싹(높이 13~18㎝)을 골라 비온 뒤 토양이 축축할 때 이식한다. 각 구멍에 2~3그루의 묘를 옮긴 다음 물을 주어 활착시킨다.

쑥_어린 싹

주요관리
- 이식한 해에 3회, 즉 5월, 7월, 11월에 1회씩 사이갈이와 김매기를 한다. 웃거름은 사이갈이와 김매기 후에 주는 것이 좋다. 재배하기 시작하여 3~4년이 지나면 뿌리줄기가 노쇠해지므로 갈아엎고 다시 심는다.

쑥_본 밭에 심어진 모습

[성분]

시아놀(cianol), 쑤존(thujone), 세스퀴테르펜(sesquiterpene), 아데닌(adenine), 콜린(choline) 등을 함유한다.

쑥_채취한 잎   쑥_채취하기 적당한 시기

식용부위 및 조리법
- 어린잎은 쑥떡을 만들어 먹거나 국을 끓여 먹기도 한다.
- 장아찌로 담가 먹을 수 있다.
- 쌈채소나 샐러드로 이용할 수도 있다.
- 개인의 식성과 취향에 따라 다양한 요리로 즐길 수 있다.

갯방풍의 효능
기혈(氣血)을 다스리고 한습(寒濕:추위와 습기로 인한 사기)을 몰아내며 온경(溫經:경락을 따뜻하게 함. 한사를 몰아내는 효과가 있음), 지혈(止血:출혈을 멈춤), 안태(安胎:태아를 안정시킴), 통경(通經:월경을 잘 통하게 함), 지통(止痛:통증을 멎게 함)의 효능이 있다. 복부냉증에 의한 통증(痛症), 설사전근(泄瀉轉筋), 토혈(吐血:피를 토함), 만성 하리(慢性下痢:만성적인 이질 설사), 월경불순을 치료한다.

참고사항
쑥의 향은 살충력이 있어 쑥을 모깃불로 피우기도 하고, 달인 물로 목욕하면 피부가 좋아진다. 방석에 넣어서 사용하면 몸을 따뜻하게 하고 쑥의 냄새가 기분을 좋게 한다.

씀바귀

Dentatae herba et radix

과 명	국화과(Compositae)
학 명	Ixeridium dentatum (Thunb.) Tzvelev
생약명	고채(苦菜)
이 명	쓴나물, 씸배나물, 씀바구, 싸난부리, 쓴귀물, 황과채(黃瓜菜)
분포 및 주산지	우리나라 전 지역의 산야 등지에 흔히 분포한다.
유사종	벋음씀바귀(Ixeris debilis (Thumb.) A. Gray), 좀씀바귀(Ixeris. stolonifera A. Gray), 선씀바귀(Ixeris strigosa)

씀바귀_잎

씀바귀_지상부　　　　　　　　　　　　　　　　　씀바귀_꽃

[**생김새**] 씀바귀는 전국 각지의 풀밭이나 밭둑의 밭 가장자리, 인가 근처에 분포하는 국화과에 속하는 여러해살이풀로써 추위에 견디는 힘이 강하여 보온에 의한 비닐하우스 재배도 가능하다. 지역에 따라서는 쓴나물, 싸랑뿌리, 씀배나물, 쓴귀물이라고도 불리우며 유사종으로는 선씀바귀, 흰씀바귀, 벋음씀바귀, 벌씀바귀, 갯씀바귀, 모래땅씀바귀, 애기벋줄씀바귀 등이 있다. 높이는 25~50㎝이고 줄기는 가늘며 가지가 갈라진다. 근생엽은 꽃이 필 때까지 남아 있고 거꾸로 된 바늘 모양 또는 거꿀피침상, 긴 타원형이며 끝이 뾰족하고 밑부분이 좁아져서 긴 잎자루와 연결되며 가장자리에 치아상의 톱니가 있거나 결각(缺刻)이 약간 생긴다. 경

생엽은 2~3개이고 바늘 모양 또는 긴 타원상 바늘 모양이며 길이는 4~9cm로서 밑부분이 원줄기를 감싸고 가장자리에 치아상의 잔톱니가 있거나 우상(羽狀:깃꼴)으로 갈라진다. 5~7월에 꽃이 피고 꽃은 황색 또는 백색이며 지름은 15mm 정도로 가지 끝과 원줄기 끝에 산방상(纖房狀)으로 달린다. 종자는 7~8월에 원통형 삭과 내에 10~12개 정도가 생기며, 끝에 털이 있어 바람에 날려 전파된다. 종자 모양은 길이 5mm, 폭 0.5mm로 상추씨와 같이 길다. 뿌리는 길이 1~1.5mm로서 10개의 능선이 있으며 관모는 길이 4~4.5mm로 연한 황색이다.

재배방법

재배현황
- 전국적으로 300여 농가에 100ha 정도가 재배되고 있으며 고들빼기와 마찬가지로 입맛을 돋우고 무공해 건강식품으로 인식되어 소비가 늘어나는 추세이다. 주로 경기도와 충청도에서 재배되고 있는데 재배 형태는 거의 노지재배이다. 출하는 초겨울인 11~12월과 이른 봄철인 2~4월에 주로 이루어지고 있으며 2~3월에 높은 가격을 형성하고 있다.

씀바귀_종자

재배적지
- 토양이 비옥하고 토심이 깊은 곳이 좋다. 생존력이 강하므로 아무 곳에서나 잘 자라지만, 직사광선이 강한 곳에서는 꽃대가 빨리 나와 뿌리에 심이 박힌다. 거름기가 많고 생육조건이 좋은 곳에서 자란 씀바귀는 쓴맛이 적고 연한 나물로 수확할 수 있는데, 대체로 배수가 잘 되면서 수분을 간직할 수 있는 거친 땅이면 어느 곳에서나 잘 자란다.

씀바귀는 냉이처럼 낮은 온도에서 잘 자라는 식물이므로 여름철 재배가 어렵기 때문에 사계절 생산이 어려운 산채이다. 따라서 늦가을과 이른 봄에 출하되는 노지재배와 겨울철에 출하할 수 있는 촉성재

씀바귀_뿌리

배 기술로 구분되고 있다.

파종 및 정식

- **번식** : 종자번식과 분주(포기나누기)번식을 한다.
- **채종** : 6월 하순부터 7월 하순 사이에 종자가 익는데 종자에 털이 붙어 있어 바람에 날려간다. 따라서 종자 채취를 위해서는 아침 일찍 갈색으로 변한 꼬투리를 망사 자루 속에 포기째 베어서 묶어두었다가 종자에 난 털을 막대기로 가볍게 두드려 털어 종자를 모으면 된다.
- **파종** : 7~8월에 채종한 종자는 채종 즉시 파종한다. 10a당 3~4L정도의 종자가 소요되나 발아율이 낮기 때문에 비교적 뿌리는 종자량이 많을수록 수량이 증가되므로 충분한 양의 종자를 확보하도록 한다. 종자 발아를 위해서는 30여 일간의 휴면기간이 지나야 발아되므로 지베렐린 0.5~1ppm 또는 NAA 1ppm 용액에 30분간 담갔다가 말려서 파종하거나 물에 6~8시간 불려 0~4℃의 낮은 온도에서 20여 일간 저온처리한 후 파종하면 발아가 잘 된다. 파종은 넓이 90cm, 높이 10cm로 두둑을 만들고 종자 크기가 비교적 작기 때문에 표면을 고르게 편 후 종자량의 3~4배의 톱밥과 잘 혼합하여 흩어뿌림을 하거나 줄뿌림을 한다. 파종 후 0.5cm로 얇게 흙을 덮어주고 그 위에 다시 짚을 얇게 덮은 다음 물을 흠뻑 준다.
- **아주심기** : 파종한 것은 그대로 두고 밀파된 곳만 솎아주고, 분주한 것은 사방 5~10cm 간격으로 심는다. 심은 지 1년이 지나면 씨앗이 떨어져 주위에 씀바귀 밭이 만들어지므로 생육이 왕성하여 잡초가 될 우려도 있다.
- **줄기번식** : 7~8월 이후 씀바귀 포기 주위에 땅 표면 부분의 줄기를 이용하는 방법으로 2~3마디가 붙도록 절단하여 이식하면 발근이 잘 되어 재배가 가능하다. 9월에 지하줄기를 저온저장고(3~4℃)에 30일간 넣어둔 후 10월 중순에 하우스 재배할 곳에 20×10cm 간격으로 정식을 하면 10월 하순에 활착이 완료되어 생장이 왕성해진다. 이때 10a당 40~50kg의 종근이 소요되며 하우스의 피복은 11월 하순경에 실시하여 낮 20~25℃, 밤 10℃ 범위로 관리하면서 토양수분이 건조하지 않도록 주의한다.

주요관리

- **피복** : 봄에 수확할 경우 가을에 짚이나 왕겨로 피복해주면 월동 후에 일찍 자라므로 생나물로 이용하는 데 도움이 된다.
- **거름 주기** : 비료는 주로 퇴비 위주로 밑거름으로 주며 유기질비료를 9월 상순에 추비하면 살찐 씀바귀를 수확할 수 있다. 비료 주는 양은 씀바귀의 생육기간이 짧으므로 기비 위주로 주며 10a당 요소 3kg, 용성인비 10kg, 염화칼리 2kg, 퇴비 1,500kg을 시용한다.

- **포장관리** : 김매기 작업 시 지나치게 빽빽하게 난 곳은 포기 사이가 3~4cm 정도 되도록 솎아주는 것이 좋다. 이듬해 봄에 수확할 때 지장이 없는 한 가을에 짚을 피복하여 월동하면 겨울 생육에 도움이 된다. 겨울 동안에도 땅이 얼지 않을 정도로 최저온도를 유지하며 관리하면 계속 시장 출하가 가능하다. 10월 하순경 비닐하우스를 설치하고 보온매트로 보온 재배하면 더욱 좋은 상품이 생산된다. 이때 지나치게 높은 온도를 유지하면 꽃대가 나오기 쉬우므로 20℃ 정도를 유지하는 것이 좋다.

- **병해충 방제** : 병해로는 모자이크병이 있으나 크게 피해를 주지 않는다.

- **수확** : 11월부터 다음해 4~5월까지 수확이 가능하나 꽃대가 나올 때는 뿌리가 목질화되고 잎이 굳어지며 쓴맛이 강하게 되어 먹을 수가 없다. 10a당 900~1,000kg의 생채를 수확할 수 있으며, 수확량은 300g 단위로 깨끗하게 다듬어 비닐봉지에 포장 판매한다.

특수재배

- 앞에서 설명한 노지재배 외에도 겨울철 촉성재배 기술이 있다. 7월 20일경에 지역 자생종 씀바귀 줄기마디를 2~3개로 절단하여 줄 사이 20cm, 포기 사이 10cm로 정식을 하고, 종근을 정식한 후에는 마르지 않도록 관수를 한다. 11월 하순경에는 하우스 피복을 하고 하우스 내부에 소형 터널을 설치하면 무가온 재배가 가능하다. 혹한기에 씀바귀의 생육 특성은 하우스+커튼 피복 하에서만 수확이 가능하며 기타 재배는 새로 싹이 돋아나는 데 상당히 늦기 때문에 상품성이 없다.

[**성 분**] 주성분은 다당류의 리눌린(Linulin)이며 칼슘, 철, 비타민 등이 시금치보다 월등히 많다. 타락사스테롤(taraxasterol), 바우에레놀(bauerenol), 우르솔릭산(ursolic acid), 올레아놀릭산(oleanolic acid), 트리터피노이드(triterpenoids) 등을 함유한다.

씀바귀_채취한 전초

씀바귀_순 올라오는 모습

쏨바귀_채취한 전초

쏨바귀_뿌리

쏨바귀_채취하기 적당한 시기

식용부위 및 조리법

- 봄철에 나물무침이나 소금절임으로 무쳐먹고, 뿌리와 잎은 물에 우려서 양념하여 나물로 이용한다.
- 장아찌로 담가 먹을 수 있다.
- 쌈채소나 샐러드로 이용할 수도 있다.
- 개인의 식성과 취향에 따라 다양한 요리로 즐길 수 있다.
- 잎과 뿌리의 뿌연 점액은 트리터피노이드(triterpenoids)로, 쓴맛의 성분이다. 입맛을 당기게 하고 항암작용도 한다.

쏨바귀의 효능

해열(解熱:열 내림), 청폐혈(淸肺血), 소종(消腫:종기나 부스럼을 삭임), 해독(解毒), 항암(抗癌)의 효능이 있다. 독사교상(독사에 물린 상처), 요결석, 폐렴(肺炎), 간염(肝炎), 소화불량(消化不良), 골절(骨折), 종독(腫毒), 질타손상(跌打損傷:타박상)을 치료한다. 최근에는 사람의 골육암세포를 억제시키는 항암효과와 콜레스테롤을 저하시키는 효능이 있는 것으로 알려졌다.

알로에

Aloe

과 명	백합과(Liliaceae)
학 명	*Aloe barbadensis* L.
생약명	노회(蘆薈)
이 명	납회(納會), 상담(象膽), 검산
분포 및 주산지	남아프리카 원산으로 우리나라에서는 일부 지방에 재배한다.
유사종	페록스알로에(*A. ferox*), *A. arborescens*, *A. perryi*

알로에_지상부

알로에_꽃대 줄기

알로에_꽃

> **생김새**

여러해살이풀로 줄기는 짧고 잎은 줄기 끝에서 총생(叢生:모여나기)하며, 살이 많고 두텁고 즙이 많은 좁은 바늘 모양으로 길이가 15~40㎝ 정도이고, 너비는 2~6㎝이다. 밑부분은 너비가 넓고 끝 쪽은 점차 좁아져 뾰족하며, 가장자리는 가시 형태의 소거치가 있는데 백록색을 띤다. 총상화서는 정생(頂生)하며 화경(花莖:꽃대)은 외대 또는 약간의 가지를 뻗고 높이는 60~90㎝이다. 꽃이 피면 아래쪽을 향하며 꽃 모양은 관상으로 길이는 약 2.5㎝이고, 황색 또는 적색의 반점이 있으며 끝은 6개로 갈라진다. 수술은 6개이고 화약(花葯:꽃밥)은 'ㅜ'자형으로 붙어 있다. 암술은 1개, 자방은 3실이며 화주는 가늘고 길다. 삭과(蒴果:속이 여러 칸으로 나누어지고 각 칸마다 씨가 들어 있는 열매)는 삼각형이며 실의 등쪽이 벌어진다.

재배방법

재배적지
- 고온을 좋아하며 추위에는 약하다. 여름철 과습에 약하기 때문에 배수가 좋고 보수성이 알맞으며 통기성이 좋은 땅에서 잘 자란다. 남부지방에서 겨울철에 보온 또는 가온을 하며 비닐하우스 안에서 재배한다.

번식 및 정식
- **번식** : 분주(포기나누기)번식, 종자번식을 하며 주로 분주번식을 한다.
- **정식** : 이식 예정 포기는 2~3일전부터 물주기를 중지하고 건조한 상태로 놓아둔다. 뿌리는 다치지 않게 뽑고 필요 없는 부분은 자르거나 떼어버린다. 심을 때는 뿌리가 난 부분만 흙에 묻히도록 한다. 재식거리는 이랑 60㎝에 포기 사이 50㎝ 정도로 심는다.

주요관리
- **번식 및 정식배양토** : 밭흙과 부엽, 모래를 2 : 3 : 5의 비율로 혼합하여 재배한다.
- **일조와 온도** : 직사광선이나 반그늘에서도 잘 생육하며, 5~10℃이상에서 월동하고 생육적온은 10~24℃ 정도이다.
- **관수관리** : 토양은 건조하게 관리한다.

알로에_꽃대

알로에_채취한 전초

성분

알로인[aloin(바르발로인;barbaloin)], 이소바르발로인(isobarbaloin), 알로이노사이드 A, B(aloinoside A, B), 알로에-에모딘(aloe-emodin), 크리소파놀(chrysophanol), 호모나탈로인(homonataloin), 알로에신(aloesin), P-쿠마릭산(p-coumaric acid) 등이 함유되어 있다.

알로에_채취한 잎

알로에_잎 절단면의 겔

식용부위 및 조리법

- 피부미용에 알로에 잎을 잘라 얼굴에 붙이기도 한다.
- 변비에 생으로 복용한다.
- 개인의 식성과 취향에 따라 다양한 요리로 즐길 수 있다.
- 식성에 따라 꿀, 설탕을 가미하여 사용할 수 있다.

알로에의 효능

청열(淸熱:열 내림), 통변(通便:대변을 잘 나가게 함), 청간(淸肝:간 기운을 맑게 함), 사하(瀉下), 건위(健胃:위를 튼튼하게 함), 통경(通經:월경을 잘 통하게 함), 항암(抗癌), 소종(消腫:종기나 부스럼을 삭임), 살충(殺蟲)의 효능이 있다. 변비(便秘), 소아전간, 감열충적(疳熱蟲積), 선창(癬瘡), 치루(痔漏), 위축성 비염(萎縮性鼻炎), 여드름, 암종(癌腫), 나력(만성 임파선염이나 임파선 결핵)을 치료한다.

양하

Zingiberis miogae rhizoma

과 명	생강과(Zingiberaceae)
학 명	*Zingiber mioga* (Thunb.) Roscoe
생약명	양하(蘘荷)
이 명	양애, 양해깐, 산강(山姜), 가초(嘉草), 야생강(野生薑)
분포 및 주산지	중부 이남의 산지 나무 그늘이나 물이 흐르는 골짜기 옆에서 자라며 분포한다.
유사종	생강(*Zingiber officinale*)

양하_지상부

양하_줄기

양하_잎

[**생김새**] 여러해살이풀로 높이는 60~90㎝이다. 뿌리줄기는 굵고 원기둥 모양이며 연한 황색이다. 뿌리는 많고 굵다. 잎은 2줄로 어긋나고 좁은 타원형 또는 타원 모양의 바늘 모양이다. 수상화서(穗狀花序)는 뿌리줄기에서 나오고 자루가 있다. 꽃은 크고 연한 황색 또는 백색이나 우리나라에서는 피지 않는다. 꽃받침은 대롱 모양이고 수술은 1개이며 약실은 밖으로 뻗어 긴 부리 모양을 이룬다. 퇴화한 수술은 2개이다. 씨방은 밑에 있으며 삭과(蒴果:속이 여러 칸으로 나누어지고 각 칸마다 씨가 들어 있는 열매)는 달걀 모양이고 익으면 벌어진다. 과피의 내면은 선홍색이다. 종자는 흑색 또는 짙은 갈색이며 백색이나 회갈색의 가종피에 싸여 있다. 개화기는 여름이다.

재배방법

재배적지
- 부식질이 많고 점질토로 반그늘인 곳이 좋으며 가물 때에는 물 대주기 또는 물 뿌려주기가 가능한 곳을 택한다. 산성 토양에도 잘 견딘다.

번식 및 정식
- **번식** : 지하경(地下莖:땅속줄기)으로 번식한다. 눈이 붙어 있는 지하경을 20g 내외로 잘라서 봄철에 하우스에서 눈을 틔워 서리피해 위험이 없는 시기에 120㎝ 이랑에 3줄, 포기 사이 30~40㎝로 정식한다. 가뭄의 피해를 줄이기 위하여 심기 전에 흑색 비닐을 피복한 후에 심으면 땅속의 습기가 일정하게 유지되어 생육이 좋아진다.

관리
- 서리의 피해가 없는 한 빨리 심는 것이 수확량이 많다. 가물 때에는 스프링클러, 분수 호스 또는 이랑에 물을 대어서 수분을 충분히 공급한다. 장마기에는 물이 고이지 않도록 한다.

양하_번식에 사용하는 뿌리

성분
알파-피넨(α-pinene), 베타-피넨(β-pinene), 베타-펠란드린(β-phelandrene), 진지베린(gingiberene)

양하_새순

양하_새순 장아찌

[**식용부위 및 조리법**]
- 줄기나 어린순, 꽃 등을 국으로 끓이거나 나물로 무쳐 이용한다.
- 어린순은 장아찌나 나물로 이용한다.
- 개인의 식성과 취향에 따라 다양한 요리로 즐길 수 있다.
- 독특한 향이 있어서 봄철에 새순을 즐기는 나물이다.

[**양하의 효능**] 활혈조경(活血調經:혈액순환을 돕고 월경을 조화롭게 함), 진해거담(鎭咳祛痰:기침을 멎게 하고 담을 제거함), 소종(消腫:종기를 삭임), 해독(解毒)의 효능이 있다. 월경불순(月經不順), 해수(咳嗽), 창종(瘡腫), 목적(目赤), 후비(喉痺), 나력(만성 임파선염이나 임파선 결핵)을 치료한다.

엉겅퀴

Cirsii herba

과 명	국화과(Compositae)
학 명	*Cirsium japonicum* DC. var. *ussuriense* (Regel) Kitamura
생약명	대계(大薊)
이 명	엉겅키, 항가새, 가시나물, 야홍화(野紅花)
분포 및 주산지	전국의 산야에 자생하며 분포한다.
유사종	가시엉겅퀴(*C. japonicum* var. *spinossimum* Kitam.), 고려엉겅퀴(*C. setidens* (Dunn) Nakai), 물엉겅퀴(*C. nipponicum*), 동래엉겅퀴(*C. toraiense*), 바늘엉겅퀴(*C. rhinoceros*) 등이 있으며, 이 중에서 바늘엉겅퀴는 우리나라 특산종이다.

엉겅퀴_지상부

엉겅퀴_잎

엉겅퀴_꽃

[생김새] 여러해살이풀로 높이가 0.5~1m 정도이며 전체에 백색 털과 거미줄 같은 털이 있으며 가지가 갈라진다. 근생엽(根生葉)은 뿌리에서 잎이 뭉쳐난 뒤 꽃이 필 때까지 남아 있으며 경생엽(莖生葉)보다 크고 타원형 또는 피침상 타원형이며 밑부분이 좁으며 6~7쌍의 깃털 모양으로 갈라진다. 양면에 털이 있으며 가장자리에 결각(缺刻)상의 톱니와 더불어 가시가 있고 원줄기를 감싸고 깃털 모양으로 갈라진 가장자리가 다시 갈라진다. 꽃은 자주색 또는 적색으로, 6~8월에 피며 가지 끝과 원줄기 끝에 달린다. 총포(總苞:꽃자루의 일부가 뚜렷하게 짧게 되어 포엽이 하나로 밀집된 것)는 둥글며 포편(苞片)은 7~8줄로 배열되며 겉에서 안으로 약간

씩 길어지고 끝이 뾰족한 선형이다. 열매는 수과(瘦果)로 길이 3.5~4㎜이고, 관모가 발달하여 솜방망이같이 보이며 길이는 16~19㎜이다.

[재배방법]

재배적지
- 토양은 별로 가리지 않으나 양지바른 곳의 사질양토에서 잘 자란다.

번식 및 정식
- 번식은 종자와 포기나누기로 한다. 종자는 10~11월에 채취한 종자를 바로 뿌리거나 봄철에 뿌리기도 하는데 가을에 뿌리는 것이 발아율이 훨씬 높다. 포기나누기는 이른 봄에 큰 포기를 갈라 120㎝ 이랑에 3줄로, 포기 사이 30㎝ 정도로 심는다.

관리
- 특별한 관리는 필요 없으나 가물거나 비료분이 적으면 아랫잎이 누렇게 변한다. 봄철에 날씨가 가물고 온도가 높으면 진딧물 발생이 많다.

엉겅퀴_종자

엉겅퀴_번식에 사용할 전초

[성 분] 잎에는 펙톨리나린(pectolinarin), 뿌리에는 알칼로이드(alkaloid), 플라보노이드(flavonoid), 스티그마스테롤(stigmasterol), 클로로제닉산(chlorogenic acid) 등이 함유되어 있다.

엉겅퀴_잎을 채취하기 적당한 시기

엉겅퀴_채취한 잎

식용부위 및 조리법
- 어린잎을 봄나물로 무쳐 먹거나 부침이나 국으로 이용한다.
- 뿌리는 절임 요리로 만들 수 있다.
- 장아찌로 담가 먹을 수 있다.
- 뿌리는 식혜로 담가 먹을수 있다.
- 개인의 식성과 취향에 따라 다양한 요리로 즐길 수 있다.

엉겅퀴의 효능

소염(消炎:염증을 치료함), 지혈(止血), 양혈(養血), 소옹종(消癰腫:옹종을 삭임), 해열(解熱:열 내림), 감기에 효능이 있다. 토혈(吐血:피를 토함), 육혈(衄血:코피), 혈뇨(血尿:오줌에 피가 섞여 나옴), 혈붕대하(血崩帶下:부녀자들의 하혈과 냉이 심하게 나오는 증상), 폐결핵(肺結核), 옹양종독(癰瘍腫毒)을 치료한다.

연

Nelumbonis semen

과 명	수련과(Nymphaeaceae)
학 명	*Nelumbo nucifera* Gaertnm.
생약명	연자육(蓮子肉), 연자심(蓮子心)
이 명	연실(蓮實), 연자(蓮子), 택지(澤芝), 연(蓮), 련꽃
분포 및 주산지	인도, 중국이 원산지이며, 우리나라 중부 이남의 늪에서 자란다.
유사종	수련(*Nymphaea tetragona*), 가시연꽃(*Euryale ferox*), 왜개연꽃(*Nuphar pumilum*)

연_꽃봉오리

연_잎　　　　　　　　　　　　　　　　　　　　연_꽃

[생김새] 여러해살이 수생식물이며 근경은 옆으로 뻗으며 굵고 황백색으로 마디가 많은데 늦가을이 되면 근경이 비대하여 연근(蓮根)을 형성한다. 잎은 근경에서 나와 잎자루가 길게 1~2m 정도 물 위로 올라오고, 둥근 방패 모양으로 톱니가 있으며 백록색인데 잎에 숨구멍이 있어 물에 잘 젖지 않는다. 꽃은 백색 또는 분홍색으로 7~8월에 피고 뿌리에서 꽃대가 화경이 길게 나와 꽃대 화경 끝에 꽃이 1송이 핀다. 꽃받침은 4~5조각으로 황색, 소형이며 꽃잎은 여러 조각이다. 과실은 견과로 9~10월에 익으며 타원형으로 검게 익는데, 도토리 비슷하며 연방(連房) 또는 연밥이라고 하며 벌집 모양의 구멍 속에 들어 있다.

[재배방법]

재배적지
- 온난하고 일조가 좋은 습지로 생육적온이 25~30℃이며 표토(表土)가 40~50cm의 부식이 있으면 좋다. 모래나 자갈땅에는 잘 자라지 않는다.

파종 및 정식
- 번식 : 종자번식, 근경을 이용한 포기나누기 방법이 있다. 종자는 물속에서도 200년 이상 생명력이 있으나 주로 뿌리줄기인 근경에 눈을 붙여 포기나누기를 하여 심으면 당년에 꽃이 피고 뿌리를 수확할 수 있다.

연_종자

- 파종 : 연못 속의 흙에 심거나 화분에 심어서 물속에 넣어둔다.
- 근경 : 심기 1개월 전에 깊이갈이를 하여 밑거름을 주고 토양을 고른 다음 너비 1.8m로 20~30° 경사지게 심어 끝눈이 18cm 정도 깊이로 묻는다. 그때 가지눈은 9cm 깊이로 하고 원뿌리는 수면에 나오도록 하는 것이 좋다.

주요관리
- 시비 : 다비성이므로 추비, 특히 질소질 비료를 충분하게 사용한다.

연_뿌리

- 병해충 : 뿌리썩음병이 알려져 있고 정식 전에 석회질소를 넣어주거나 5월 상순에 황합제 액을 살포하고 캡탄을 조기에 살포한다.

[성분] 종자에는 누시페린(nuciferine), 노르누시페린(nornuciferine), 노르아르메파빈(norarmepavine) 등이 들어 있고, 잎에는 로에메린(roemerine), 아르메파빈(armepavine), 프로누시페린(pronuciferine), 리리오데닌(liriodenine), 케르센틴(quercetin), 이소케르세틴(Isoquercitrin), 넬럼보시이드(nelumboside) 등이 함유되어 있다.

연_잎 채취하기 적당한 시기

연_연근

연_건조한 연잎

식용부위 및 조리법

- 종자는 튀겨 먹거나 죽으로 끓여서 먹는다.
- 말린 꽃(수술)과 잎은 차로 쓰인다.
- 뿌리는 장아찌나 조림으로 먹을 수 있다.
- 잎은 연잎밥으로도 이용할 수 있다.
- 소화가 안 되고 힘이 없을 때 연자밥이나 죽을 쑤어 먹기도 한다.
- 개인의 식성과 취향에 따라 다양한 요리로 즐길 수 있다.

연의 효능

열매 및 종자(연자:蓮子)는 익신(益腎: 신기능을 더함), 익심(益心: 심기능을 더함), 보비(補脾), 삽장(澁腸)의 효능이 있고, 뿌리줄기(우:藕)에는 청열, 양혈, 해독, 산어(散瘀: 어혈을 흩어지게 함)의 효능이 있다. 잎(하엽:荷葉)은 수렴 및 지혈의 효능이 있다. 열매 및 종자는 다몽(多夢: 잠자면서 꿈을 많이 꿈), 유정(遺精: 정액이 흘러나가는 증상), 임탁(淋濁: 임질. 소변이 자주 나오고 오줌이 탁하고 요도에서 고름처럼 탁한 것이 나오는 병증), 구리(久痢: 오래된 설사), 허사(虛瀉: 몸이 허하여 오는 설사), 대하를 치료하고, 뿌리줄기는 열병번갈, 주독, 토혈, 열림을 치료한다.

오갈피나무 Acanthopanacis cortex

과 명	오갈피나무과(Araliaceae)
학 명	*Eleutherococcus sessiliflorus* (Rupr. & Maxim.) S. Y. Hu
생약명	오가피(五加皮)
이 명	오가(五加), 참오갈피나무, 남오갈피
분포 및 주산지	우리나라에는 표고 100m~1,450m 범위에서 자라고, 경남을 제외한 남부지방에 야생하며 분포한다.
유사종	지리산오갈피나무(*Eleutherococcus divaricatus* var. *chiisanensis* (*Nakai*) C. H. Kim & B. Y. Sun), 섬오갈피나무[*E. gracilistylus* (*W. W. Sm.*) S. Y. Hu], 가시오갈피 (*E. senticosus* (Rupr. & Maxim.) Maxim.)

오갈피나무_잎

오갈피나무_줄기

오갈피나무_꽃

생김새 갈잎작은키 떨기나무로 높이는 3~4m에 달하며 갈고리 모양의 가시가 있다. 잔가지에는 가시가 거의 없다. 잎은 어긋나며 장상복엽(掌狀複葉:손바닥 모양의 겹잎)이며 흔히 3출(三出)하고, 작은잎은 도란형(倒卵形:거꿀달걀 모양) 또는 도란상 타원형이며 잎 길이는 6~15㎝로 양끝이 뾰족하고 톱니가 있으며 뒷면 주맥 위에 잔털이 있고 가시는 거의 없다. 꽃은 자주색으로 8~9월에 피며 산형화서(傘形花序)로서 정생(頂生)하고, 소화경이 짧다. 과실은 핵과(核果)로서 장과(漿果) 모양이며 넓은 타원형으로 10월에 흑색으로 익는다.

[재배방법]

재배적지
- 따뜻하고 습윤한 기후를 좋아하고 햇빛을 좋아하지만 그늘에서도 잘 견딘다. 어떤 토양이나 잘 자라나 토층이 깊고 비옥하고 배수가 잘 되며 약간 산성을 띤 충적토나 사질양토가 좋다.

파종 및 정식
- **번식** : 종자, 뿌리삽목(꺾꽂이), 분주(포기나누기) 방법으로 증식한다. 종자는 후숙(後熟:채취 후 일정기간 동안 숙성을 시킴) 과정을 거쳐야 발아가 된다.

오갈피나무_종자

- **파종** : 10월 중순~11월 상순, 3월 하순~4월 상순에 파종한다. 이랑 사이의 거리를 30cm로 해서 종자를 뿌린 후 복토한다. 5월 상순이면 싹이 나온다.

- **삽목(꺾꽂이)** : 뿌리를 3월과 5~6월에 뿌리를 10~15cm로 잘라 사양토에 꽂고 습도를 유지해준다. 15~20일이 지나면 뿌리가 내린다. 싹이 묘가 6cm 정도 되면 포기 사이 6~12cm로 속아준다. 이듬해 봄에 이식하며 정식(아주심기) 거리는 일반적으로 이랑 너비 3m, 포기 사이 2m로 심는다. 비옥한 곳에서는 다소 넓게, 척박한 땅은 좁게 심는다.

오갈피나무_본 밭에 심어진 묘목

주요관리
- 심은 지 3~4년이 된 봄 또는 가을에 그루 옆에 홈을 파고 퇴비(堆肥) 혹은 구비(廐肥:마구간에서 나온 퇴비)를 1그루당 40~50kg씩 준다. 병해로는 점무늬병이 있고, 해충으로는 오갈피나무이, 중국관총채벌레, 붉나무소리진딧물, 버찌가는잎말이나방 등이 있다.

[성분]

뿌리껍질에는 정유(4-methyl salicyl aldehyde 등), 타닌, 팔미틱산(palmitic acid), 리놀레닉산(linolenic acid), 비타민 A, B_1 등이 들어 있다. 나무껍질에 아칸토사이드 A~D(acanthoside A~D), 타닌(tannin), 정유, 비타민 A와 C, 잎과 꽃에 플라보노이드(flavonoid), 줄기와 잎, 뿌리에 세아그민(seagmin), 사비닌(savinin), 시린가레시놀(syringaresinol) 등을 함유한다. 그밖에 세사민(sesamin), 베타-시토스테롤(β-sitosterol), 스티그마스테롤(stigmasterol), 캠스테롤(campsterol), 델타7-스테롤u1, u2(Δ7-sterol u1, u2) 등이 들어 있다.

오갈피나무_순 채취하기 적당한 시기

오갈피나무_순 장아찌

식용부위 및 조리법
- 봄철 어린순(잎)을 데쳐서 먹는다.
- 장아찌로 먹기도 하고 묵나물을 만들어 저장하였다가 이용하기도 한다.
- 잎을 덖어서 차로 음용하기도 한다.
- 개인의 식성과 취향에 따라 다양한 요리로 즐길 수 있다.

오갈피나무의 효능
강장(强壯), 강근골(强筋骨), 이수(利水), 거풍습(祛風濕:풍습으로 오는 사기를 제거함), 진통(鎭痛), 활혈(活血:혈액순환을 촉진함), 보간신(補肝腎), 거어(祛瘀:어혈을 제거함), 혈당저하(血糖低下), 혈압강하(血壓降下) 효능이 있다. 풍한습비(風寒濕痺), 요통(腰痛), 음위(陰痿), 수종(水腫), 관절 류머티즘을 치료한다.

옻나무

Lacca sinica exsiccata

과 명	옻나무과(Anacardiaceae)
학 명	*Rhus verniciflua* Stokes
생약명	건칠(乾漆)
이 명	참옻나무, 옻나무, 칠수(漆樹)
분포 및 주산지	중국 원산으로 우리나라에는 표고 100~900m, 수평적으로 전남, 전북, 충북, 강원, 경기도에 야생하며 분포한다.
유사종	개옻나무(*R. trichocarpa*)

옻나무_잎

옻나무_줄기

옻나무_꽃

[생김새] 여러해살이 떨기 큰키나무로 높이는 7m에 달하며 작은 가지는 굵고 회황색이다. 잎은 우상복엽(羽狀複葉:깃꼴 겹잎)으로 어긋나며, 작은잎은 난형 또는 타원형으로 9~11개이고 길이는 7~20㎝로서 밑이 둥글거나 뾰족하며 끝은 뾰족하고 가장자리에 톱니가 없으며 뒷면에 짧은 털이 있다. 꽃은 녹황색으로 5~6월에 피며 암수딴그루 또는 자웅 잡성화(雜性花:양성화와 단성화가 한 그루에 섞여 피는 것)이고 원추화서(圓錐花序:둥근 원뿔 모양 꽃차례)로서 크기가 작다. 꽃받침잎과 꽃잎은 각각 5개, 수꽃은 5개의 수술이 있고, 암꽃은 5개의 작은 수술과 암술대가 3개로 갈라진 1개의 암술이 있다. 과실은 핵과(核果)로서 가지런하지 않은 편구형(扁球形)이며 윤기가 나고 9~10월에 익는다. 옻나무 진은 피부 염증을 일으키므로 주의한다.

재배방법

재배적지
- 여름에 일조량이 많고 겨울철 기온이 옻나무 표피가 동해를 입지 않을 정도면 된다. 따라서 중부 이남에서 재배가 유리하다. 중성 또는 약알칼리성의 배수가 잘 되고 보수력이 좋은 땅이 적합하다.

번식 및 정식
- **번식** : 종자와 뿌리삽목(꺾꽂이)으로 번식한다. 종자는 20년생 이상 된 나무에서 채취한다. 종자는 절구에 넣어 가볍게 찧어서 과피(果皮)를 제거한 후 노천매장을 하여 봄에 파종한다. 또는 과피를 제거한 종자를 농황산(6% 이상)에 30분 정도 침전하여 물로 씻은 다음 1주일 정도 물에 불렸다가 파종하기도 한다.

- **파종** : 4월 하순에 파종하고, 이식은 10월 하순~11월 상순, 또는 3월 상순~4월 상순에 한다.

- **식재방법** : 기름진 땅의 경우 1.5×2.4m로 심는다. 밑거름으로 퇴비 또는 볏짚을 사용하고 그 위에 흙을 10㎝가량 덮는다. 이때 반드시 석회를 사용한다. 가을에 심을 때는 심은 나무에 30㎝ 정도 복토를 하고 이듬해 봄에 복토를 제거한다.

주요관리
- 육묘할 때에 입고병 방제가 중요하며, 자주날개무늬병, 탄저병, 흰가루병, 옻나무매미충, 진딧물류, 좀류, 네눈박이하늘소, 붉나무가는나방, 야도충 등이 발생한다.

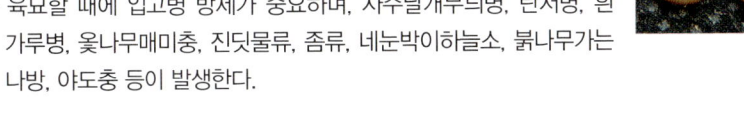

옻나무_열매

옻나무_종자

성분

생옻에는 우루시올(urushiol(50~60%)), 라카제(laccase), 고무질, 적은 양의 만니톨(mannitol)이 들어 있고, 잎에는 로비닌(robinin)이 함유되어 있다. 옻나무 열매에는 팔미틱산(palmitic acid) 등 지방이 많이 들어 있다.

옻나무_채취하기 적당한 시기

옻나무_순 장아찌

[식용부위 및 조리법]
- 어린잎은 쌈채소로 먹거나 데쳐서 나물로 이용한다.
- 장아찌로 담가 먹을 수 있다.
- 튀김으로 사용할 수 있다.
- 어린잎은 쌈채소나 샐러드로 이용할 수도 있다.
- 개인의 식성과 취향에 따라 다양한 요리로 즐길 수 있다.

[옻나무의 효능] 수지는 파어(破瘀:어혈을 파괴하여 제거함), 소적(消積:적을 없앰) 효능이 있고, 껍질에는 접골(接骨) 효능이 있다. 부녀경폐(婦女經閉), 충적복통(蟲積腹痛), 어혈(瘀血)을 치료한다.

[참고사항] 옻 알레르기가 심한 사람은 주의하며, 데칠 때 갈근(葛根:칡뿌리) 우린 물로 데쳐내면 옻 알레르기 물질인 우르시올이 중화되어 방제할 수 있다.

왜당귀 Angelicae acutilobae radix

과 명	미나리과(Umbelliferae)
학 명	*Angelica acutiloba* (Siebold & Zucc.) Kitag.
생약명	일당귀(日當歸): 대한약전외한약(생약)규격집
이 명	화당귀(和當歸), 동당귀(東當歸)
분포 및 주산지	일본이 주산지이며 나라, 후지야마, 홋카이도 등지에 많이 재배되는 귀화식물로 우리나라 전역에서 재배되고 있다.
유사종	*A. acutiliba* var. *sugiyama* Hikino, *A. acutiloba* var. *iwatensis* Hikino, *A. sinensis* Dielsol

왜당귀_줄기
왜당귀_잎
왜당귀_꽃

[생김새] 여러해살이풀로 키는 40~90㎝ 정도로 자라며 뿌리가 충실하고 줄기는 자흑색이고 전체에 털이 없다. 잎은 어긋나며 2~3회 3출복엽으로서, 소엽은 바늘 모양 또는 난상 바늘 모양으로 예리한 톱니가 있고, 끝이 뾰족하다. 6~8월에 백색 꽃이 피며 복산형 화서이다. 열매는 편평한 긴 타원형이고 길이 4~5mm로 뒷면의 능선이 가늘며 가장자리에 좁은 날개가 있고 능선 사이에 3~4개의 합생면(合生面)에 4개의 유관(油管)이 있다. 종자는 9~10월에 익는다.

재배방법

재배적지

- 관동이서의 산지 혹은 구릉지의 초지에 자생하고 토질은 배수가 좋은 식양토 또는 사양토가 적당하다.

- **온도** : 당귀는 지대가 높은 산에서 자생하며 서늘한 기후에서 잘 자라고 온도가 높고 무더운 지역에서는 잘 자라지 않는다. 재배적지는 해발 500m 이상의 지역이 적합하며, 해발이 낮은 지역에서 재배하면 여름철에 고온 피해로 실패한다. 특히, 7~8월의 평균기온이 20~22℃ 정도인 중북부 산간 고랭지에서 재배하는 것이 유리하며 꽃대도 적게 생긴다.

왜당귀_포트에 심어진 종자

- **수분** : 당귀의 재배지는 습윤지대로 수분을 좋아하며 가뭄과 장마에 약하다. 토양 함수량 25% 정도가 당귀의 생장에 제일 적합하다. 육묘기나 성묘기를 막론하고, 충분한 강우는 수량을 높이는 조건의 하나이다. 그러나 토양 함수량이 40%를 초과하지 않는 것이 좋다. 40%를 초과할 경우 습해를 받을 뿐만 아니라 뿌리썩음병도 쉽게 발생한다. 토양 함수량이 13% 이하면 가뭄을 타며 관수를 해야 한다.

- **광** : 당귀는 저온 장일 조건에서 생육하는 형으로서, 장일 조건하에서 생장이 양호하고, 발육이 빠르고, 쉽게 추대하는데 이는 당귀의 생육 특성이다. 조기 추대를 방지하기 위하여 그늘진 비탈이나 평

왜당귀_발아(생육초기)

지에 심는 것이 좋다. 그러나 2년차에 정식한 후에는 광과 일조가 부족하면 수량을 높일 수 없다. 적합한 방향과 경사도 및 재식밀도에서만이 광조건을 적당히 할 수 있고 뿌리의 발육에 이롭다. 특히 일교차가 크고 일사량이 많은 곳에서 생육이 잘 되고 품질도 좋다.

- **토양** : 당귀 재배에 적합한 토양은 약간 산성이나 혹은 중성인 것을 선택하는 것이 좋으며, 토층이 두껍고, 비옥하고 부드럽고, 배수가 잘 되고, 유기질이 풍부한 양토, 사양토에서 잘 자란다. 모래땅이나 자갈밭에서는 잔뿌리 발생이 많고, 질흙에서는 뿌리의 비대가 잘 안 될 뿐만 아니라 수확에 노력이 많이 든다. 전작물로 옥수수, 감자, 양파를 재배했던 밭이 좋으며, 이어짓기를 하면 병충해가 많아지고 수량이 낮아지므로 2~3년 간격으로 윤작을 하는 것이 적합하다. 당귀는 연작할수록 수량이 감소되는데 1년 연작 시 25~30%, 2년 연작 시 55~60%의 감소를 가져올 뿐 아니라 뿌리혹선충의 피해가 많아지므로 반드시 화본과 작물인 율무나 참깨를 돌려짓기하면 뿌리혹선충의 밀도를 줄일 수 있다.

- **거름주기** : 당귀는 거름기를 많이 필요로 하는 식물로 영양생장기간에 거름기가 좋으면 뿌리의 발육을 촉진하고 수량을 높일 수 있다. 당귀는 생육과정에서 비료의 3요소인 질소(N), 인산(P), 칼리(K)의 수요량이 많으며 토양 중에는 늘 부족하므로 반드시 시비에 의거하여 부족한 토양 양분을 보충하여야 한다. 당귀는 생육 시기에 질소, 인산, 칼리의 어느 한쪽에만 치우치지 않기 때문에, 당귀의 비료에 대한 요구 특성을 잘 파악해서 생육 시기에 맞게 비료를 주어야 한다. 질소는 식물세포 원형질을 구성하는 중요한 조성성분이며, 특히 잎의 생육을 가속화하고 동화면적을 확대하고 광합성 효율과 영양물질의 집적을 높이는 등 중요한 작용을 하며, 당귀의 수량을 높이는 데 중요한 요소이다. 인산은 핵단백질 등의 조성성분으로 당분과 단백질의 정상적인 대사활동을 촉진한다. 당귀의 영양생장기간 중 인산은 뿌리의 발육을 가속화하고 넓은 근계를 형성하도록 한다. 당귀의 인산 결핍 증상은 근계의 생장이 좋지 않고, 뿌리 곁눈이 감소하거나, 혹은 곁눈을 분화하지 않으며 식물체의 초장이 작다. 칼리는 잎에서 만들어진 동화산물이 뿌리에 수송되고 저장되는 것을 촉진하며, 뿌리의 비대를 가속화하며 당귀의 품질을 높인다. 그러므로 영양생장 전기에 칼리비료를 보충하고, 영양생장 후기에는 인산, 칼리 비료를 보충해주어야 한다. 이는 뿌리의 비대 발육을 촉진하여 수량을 증가시키고 품질을 향상시킨다.

번식 및 정식

- **품종** : 일당귀는 2004년에 작물과학원에서 육성 보급한 '진일(수원7호)' 품종이 있고, 참당귀는 1998년에 육성 보급한 '만추(수원3호)'와 2001년에 육성보급한 '안풍(수원6호)' 등이 있다. 진일은 제주도를 제외한 전국이 적응지역이고, 만추와 안풍은 해발 400m 이상의 중산간 고랭지가 적응지역이다.
- **번식법** : 종자로 번식하고, 직파재배 또는 육묘이식재배가 가능하다. 씨앗은 장방형으로 묘판을 만들어 파종한다. 묘판은 이랑 넓이 1~1.2m로 하고 이랑의 길이는 적당한 장방형의 판을 만들어 3.3㎡당 1dL 정도로 파종한다. 밀식되지 않도록 산파한 후 얇게 복토를 하고 보릿짚 또는 왕겨로 차광을 해준다. 20일 후 발아가 되면 밀생된 곳은 솎아주고 수시로 제초를 한다. 비료기가 많고 굵은 묘는 정식 후 바로 꽃대가 올라오기 때문에 약재로 쓸 수 없다.
- 봄철에 1년 키운 묘를 이랑 너비 90㎝에 2줄, 포기 사이 25㎝ 간격으로 심는다.

주요관리

- **시비** : 10a당 시비량은 질소 6~8kg, 인산 8~14kg, 칼리 6~7kg, 퇴비 2,000kg 정도이다. 3가지 요소 중 질소의 사용이 중요하고, 보통 황산암모니아 또는 깻묵류가 사용된다. 재배지의 토양과 기상조건이 일정하지는 않으나, 10a당 퇴비 1,500kg, 질소 16kg, 인산 24kg, 칼리 9kg을 표준으로 하여, 질소는 밑거름과 추비에 나누어 넣으면 좋다. 추비는 속효성의 질소비료를 9월 상순경 준다. 생육 초기에 다량의 질소비료를 주면 지상부는 잘 번성하나 근부의 생육에는 해로운 꽃대

가 많이 나는 경향이 있다. 꽃대가 난 것은 뿌리가 목질화(木質化)되어 사용할 수 없으므로 주의해야 한다.

- **잡초 방제** : 중경제초는 묘의 활착 후 3~4회 한다. 쌈용 일당귀엽 생산을 위하여 환류 순환식 양액재배에서는 여름철 30%의 차광이 필요하며, 배지는 펄라이트 고형배지를 사용하고 양액은 21일 간격으로 교체한다. 재식거리는 베드 내 20×20㎝ 간격으로 심고, 초장이 30㎝ 정도일 때 수확한다. 양액은 쿠퍼액에서 가장 많이 생산할 수 있다.

- **병해충** : 노균병, 균핵병, 응애, 딱정벌레, 밤나방 등이 있다.

[성 분] 리서스틸라이드(lisustilide), 이소크니딜라이드(isocnidilide), 부틸리덴에프탈라이드(butylidenephthalide), 세다노라이드(sedanolide), 팔카린디올(falcarindiol), 팔카리놀(falcarinol) 등이 함유되어 있다. 꽃이 핀 포기는 뿌리가 대부분 썩어 없어진다.

[식용부위 및 조리법]
- 새로 나온 보드라운 잎은 장아찌로 이용할 수 있으며 향이 좋아서 생선회·불고기의 쌈채소로 연중 이용할 수 있다.
- 쌈채소나 샐러드로 이용할 수도 있다.
- 개인의 식성과 취향에 따라 다양한 요리로 즐길 수 있다.

왜당귀_나물용으로 채취하기 적당한 시기

왜당귀_장아찌

왜당귀_절임용으로 적당한 시기

왜당귀_절임

[왜당귀의 효능] 보혈활혈(補血活血:혈을 보하고 혈액순환을 원활하게 함), 조경지통(調經止痛:월경을 조화롭게 하며 통증을 멈춤), 강장(强壯), 진통(鎭痛), 진정(鎭靜), 구어혈(驅瘀血:어혈을 제거함)의 효능이 있다. 뇌신경을 보호하여 기억력 감퇴를 개선한다. 신체허약(身體虛弱), 빈혈(貧血), 월경불순(月經不順), 월경통(月經痛), 요슬냉통(腰膝冷痛:허리와 무릎이 냉하고 아픈 증상), 두통(頭痛), 신체동통(身體疼痛), 변비(便秘)를 치료한다.

[참고사항] 참당귀 잎은 식용으로 사용하지 않는다.

우엉

Arctii semen

과 명	국화과(Compositae)
학 명	*Arctium lappa* L.
생약명	우방자(牛蒡子), 우방근(牛蒡根)
이 명	우방(牛蒡), 대부엽(大夫葉), 방옹채(蒡翁菜)
분포 및 주산지	유럽 원산으로 귀화식물이며 전국 각지에서 재배된다.

우엉_줄기

우엉_잎(앞면, 뒷면)　　　　　　　　　　　　우엉_꽃

[생김새] 두해살이풀로 뿌리는 육질(肉質)이며 곧게 뻗고 줄기는 높이 약 1.5m 이다. 경엽(莖葉)은 어긋나고 근생엽(根生葉)은 모여 나며 대형으로 잎자루가 길고 약간 심장형이며 치아 모양의 톱니가 있고 길이는 약 30cm로 뒷면은 백색 털이 빽빽하다. 꽃은 암자색 또는 백색으로 7월에 피며, 두화(頭花)는 산방상(繖房狀)으로 달린다. 총포는 구형(球形)이며 포편은 침형(針形)이고 말단이 갈고리 모양으로 굽으며 잔꽃이 5갈래로 갈라지고 관모는 단형으로 강경(剛硬)하고 갈색이다. 열매는 검은색이며 우방자(牛蒡子)라 하고 바늘 모양의 가시가 달려 있다.

[재배방법]

재배적지
- 따뜻하고 습윤한 기후를 좋아한다. 토양에 대한 조건은 까다롭지 않지만 토층이 깊고 배수가 잘 되는 사질토양이 가장 좋다.

파종 및 정식
- **번식** : 종자로 번식한다.
- **파종** : 남쪽지방에서는 8~9월이 좋고 북쪽지방에서는 3월 하순에 한다. 땅은 반드시 30cm 이상 깊이로 갈고 흙을 잘게 부수어 고르게 하여 배수구를 만들어야 한다. 이랑 사이의 거리를 70cm, 포기 사이를 50cm로 하여 깊이가 10cm 정도 되는 구덩이를 판다. 구덩이에 퇴비 또는 두엄을 넣어 흙에 잘 혼합한 후 한 구덩이에 7~8개의 종자를 심고 물을 준 다음 흙을 약 1.5cm의 두께로 덮는다.

우엉_종자

주요관리
- 파종 후 생장기에 사이갈이와 김매기를 실시하고 비료를 주고 북을 주어야 한다. 비료는 충분히 주어야 하며 웃거름으로 질소질 비료를 준다. 초기 사이갈이나 김매기 때 솎아주고 보식해준다. 3~4월에 굼벵이가 잎몸이나 속잎을 갉아먹는데 아침에 잡거나 약제 방제를 한다. 3~5월에는 개미가 주근을 갉아먹으므로 살충제를 뿌리 주위에 뿌린다. 진딧물은 4월경부터 발생하고 6월에 붉은 거미가 발생한다. 병해로는 흑반병이 있으며 6월 발병 초기에 석회보르도액을 살포한다.

우엉_채취한 뿌리

[성분] 과실에는 아크틴(arctiin), 라파올 B~H(lappaol B~H), 마타이레시놀(matairesinol)을 함유하고, 뿌리에는 감마-구아니디노-n-부티릭산(γ-guanidino-n-butyric acid), 클로로게닉산(chlorogenic acid), 이눌린(inulin) 등이 함유되어 있다.

우엉_잎 채취하기 적당한 시기   우엉_뿌리   우엉_고추장 무침

[**식용부위 및 조리법**]
- 어린잎은 식용으로, 뿌리는 간장, 설탕 등으로 조림이나 장아찌를 만든다.
- 뿌리를 5㎜ 정도의 두께로 썰어 말려 덖어서 차로 이용하기도 한다.
- 튀김으로 사용할 수 있다.
- 개인의 식성과 취향에 따라 다양한 요리로 즐길 수 있다.

[**우엉의 효능**] 종자는 거풍열(祛風熱:풍사와 열사를 제거함), 해독(解毒), 소종(消腫:종기나 부스럼을 삭임)의 효능이 있고 뿌리는 사지마비, 항암, 종기, 여드름, 당뇨병에, 잎은 두통, 유선염, 칼에 벤 상처에 효능이 있다. 감모풍열(感冒風熱), 해수담다(咳嗽痰多), 마진(痲疹), 소양풍진(瘙痒風疹), 인후종통(咽喉腫痛), 옹종창독(擁腫瘡毒)을 치료한다. 특히 이눌린 성분은 당뇨병 환자에게 좋으며 돼지감자에도 많이 들어 있다.

원추리

Hemerocallidis radix

과 명	백합과(Liliaceae)
학 명	*Hemerocallis fulva* L.
생약명	훤초근(萱草根)
이 명	망우초(忘憂草), 등황원초(橙黃萱草), 금침채(金針菜), 황화채(黃化菜), 넘나물
분포 및 주산지	전국 산기슭 양지에서 흔히 자라며 분포한다.
유사종	각시원추리(*H. dumortieri*), 왕원추리(*H. fulva* var. *kwanso*), 골잎원추리(*H. lilioasphodelus*), 애기원추리(*H. minor*), 노랑원추리(*H. thunbergii*)

원추리_새싹 지상부

원추리_잎

원추리_꽃

[생김새] 여러해살이풀로 뿌리에 방추형으로 굵어지는 괴근(塊根)이 있으며, 잎은 마주나고 서로 얼싸안는다. 꽃은 등황색으로 여름에 피며 길이는 10~13cm이고 아침에 피었다가 저녁 무렵이면 꽃잎이 닫힌다. 꽃의 몸통부(筒部)는 길이 1~2cm이며, 바깥 꽃덮이는 긴 타원형이고 끝이 둔하며 너비는 3~3.5cm로 가장자리가 막질이다. 수술은 6개로 몸통부 위 끝에 달리며 꽃잎보다 짧다. 꽃밥은 선상으로 황색이다.

재배방법

재배적지
− 토양적응성이 뛰어나 척박한 곳에서도 재배가 가능하다. 지하부 뿌리는 과습에 약하므로 배수에 유의한다. 재배지는 통기성이 좋고 시원한 반그늘 상태를 유지해준다. 통기성이 불량한 곳에서는 진딧물이나 흰가루병 등이 발생할 수 있다.

번식 및 정식
− **번식** : 종자와 포기나누기로 번식한다. 종자는 너무 늦게 따면 종자가 건조하여 발아율이 낮으며 미숙종자가 발아율이 높다. 포기나누기는 큰 포기를 봄철에 갈라 심는다.

− **정식** : 재식거리는 이랑 1m에 3줄로, 포기 사이 30~50㎝로 심는다.

원추리_포기나누기용 뿌리

주요관리
− 분주(포기나누기)한 첫해에는 반드시 김매기를 하여 잡초를 제거해주어야 한다. 생장기에는 웃거름을 2~3회씩 준다. 가뭄이 들어도 잘 생육한다. 충해는 진딧물 방제에 유의한다.

성분
아스파라긴(asparagine), 콜히친(colchicine), 티로신(tyrosine), 프리델린(frideline), 감마−하이드록시 글루타믹산(γ−hydroxy glutaminic acid), 리신(lysine), 숙신산(succinic acid), 베타−시토스테롤(β−sitosterol) 등이 함유되어 있다.

식용부위 및 조리법

- 이른 봄에 나오는 어린잎은 나물로 먹는다. 잎을 생으로 먹으면 약간의 마취성분이 있으므로 끓는 물에 데친 뒤 고추장이나 참기름에 무쳐 먹는다. 어린잎이 자라서 벌어지면 콜히친이라는 성분의 독성이 쌓이기 때문에 식용하지 않는다.
- 근경은 관절염에 좋다는 건강주(健康酒)로, 꽃은 화주(花酒)를 담기도 한다.
- 건조한 꽃은 중화요리의 재료로 이용하기도 한다.
- 개인의 식성과 취향에 따라 다양한 요리로 즐길 수 있다.

원추리_채취하기 적당한 시기

원추리_채취한 잎줄기

[원추리의 효능] 자음(滋陰:음기를 자양시킴), 이뇨(利尿), 양혈(涼血), 소종(消腫:종기나 부스럼을 삭임)의 효능이 있다. 소변불리(小便不利), 수종(水腫), 탁뇨(濁尿), 황달(黃疸), 월경불순(月經不順), 대하(帶下), 붕루(崩漏:둑이 터진 것처럼 쏟아지는 하혈), 변혈(便血), 유즙불통(乳汁不通), 유선염(乳腺炎) 등을 치료한다.

[참고사항] 뿌리를 과량 사용하면 시력이 상할 염려가 있으므로, 말린 것으로 40g을 초과해서 사용하지 않는다.

음나무

Kalopanacis cortex

과 명	두릅나무과(Araliaceae)
학 명	*Kalopanax septemlobus* (Thunb.) Koidz.
생약명	해동피(海桐皮)
이 명	정피(釘皮), 자추피(刺楸皮), 정동피(丁桐皮)
분포 및 주산지	전국의 산에서 자라며 분포한다.
유사종	중국에서는 콩과의 *Erythrina indica*의 줄기껍질을 해동피(海桐皮)라 하여 사용한다.

음나무_줄기

음나무_잎

음나무_꽃

[생김새] 갈잎 큰키나무로 높이는 25m가량 자란다. 가지에 예리한 가시가 많다. 잎은 호생(互生:어긋나기)하며 손바닥 모양이고 5~9개로 깊이 갈라지며, 열편(裂片)은 난형(卵形:달걀 모양)으로 톱니가 있고 끝이 뾰족하다. 잎 앞면에는 털이 없으나 뒷면에는 맥액(脈腋)에 털이 빽빽하고 가장자리에 톱니가 있으며 잎자루 길이는 10~30㎝ 정도이다. 꽃은 양성화로 6~7월에 지름 5㎜ 내외의 황록색 꽃이 산형화서로 핀다. 꽃잎과 수술은 4~5개이며 씨방은 하위로 2개의 갈라진 암술대가 있고 열매는 핵과로 둥글고 지름 6㎜이며 10월에 흑색으로 익는다. 종자는 반월형이며 편평하고 1~2개의 종자가 들어 있다.

재배방법

재배적지
- 전국 어느 곳에서나 잘 자란다.

번식
- **번식** : 종자와 뿌리 삽목(꺾꽂이)으로 번식한다. 과육에는 발아 억제 물질이 있으므로 과육을 제거한 후 저온 습층 처리를 해주면 대부분 파종 당년 봄에 발아한다. 종자 채취 시기가 늦거나 잘못 건조시킨 종자는 파종 후 2년째 봄에 발아하기도 한다. 변온법, 즉 0~5℃의 저온과 20~30℃의 고온에 2~3개월씩 처리하거나, 저온처리와 농황산처리를 병행하기도 한다. 뿌리는 3월에 삽목(꺾꽂이)으로 증식한다.

음나무_식재된 모습

주요관리
- **병해충** : 음나무에 발생하는 병은 갈색무늬병, 해충으로는 진딧물, 큰우단하늘소, 두릅나무잎벌레, 루이그긴나무좀, 줄재주나방, 독수리팔랑나비 등이 있다.

음나무_줄기 가지 자른 모습

성분

식물체의 모든 부위에 사포닌(saponin)이 들어 있다. 칼로파낙스사포닌 A, B(kalopanax saponin A, B), 칼로파낙신 A, B, C, D(kalopanaxin A, B, C, D), 헤데라사포닌 A, B(hedera saponin A, B), 시린진(syringin), 프로토카테퀴산(protocatechuic acid), 코니페린(coniferin), 이리오덴드린(liriodendrin) 등이 함유되어 있다. 사포닌의 함량은 뿌리가 3.3%, 줄기껍질 2.4%, 잎에서 1.87%, 떨어진 잎에서 1.88%, 나무목질부에서 0.76% 정도이다.

식용부위 및 조리법

- 봄철에 어린잎이 벌어지기 전에 채취한 순은 두릅 순처럼 고급 나물로, 또는 튀김용으로 이용된다.
- 장아찌로 담가 먹을 수 있다.
- 쌈채소나 샐러드로 이용할 수도 있다.

음나무_순 채취하기 적당한 시기

음나무_장아찌

음나무_데쳐서 건조 중인 새순

- 개인의 식성과 취향에 따라 다양한 요리로 즐길 수 있다.
- 두릅나무과 중에서 쓴맛이 가장 강하므로 물에 담가 쓴맛을 우려낸 다음 사용한다. 물에 너무 오래 담가두면 맛과 향이 줄어들기 때문에 주의한다.

[음나무의 효능] 줄기껍질에는 거풍(祛風:풍사를 제거함), 제습(除濕), 살충(殺蟲), 활혈(活血:혈액순환을 촉진함)의 효능이 있다. 줄기껍질로 류머티즘에 의한 근육마비, 근육통, 관절염, 옴을 치료한다. 뿌리는 혈액순환을 돕고 풍습을 없애며 치질과 타박상, 류머티즘을 치료한다. 풍습비통(風濕痺痛:풍사나 습사로 인하여 결리고 아픈 통증), 신경통, 요통, 관절염, 질타손상(跌打損傷:타박상), 옹저(癰疽), 개선(疥癬:옴)을 치료하며 기침, 거담제로 쓴다.

인삼

Ginseng radix

과 명	오갈피나무과(Araliaceae)
학 명	*Panax ginseng* C. A Meyer
생약명	인삼(人蔘)
이 명	고려삼(高麗參), 산삼(山蔘), 야삼(野參), 고려인삼(高麗人蔘)
분포 및 주산지	우리나라 중부지방 강원도 및 경북 울릉도의 심산지역 음지 쪽 나무 밑에 자생하고 한국 원산이며 근래에는 각지에서 재배하고 있고 금산, 부여, 풍기, 강화, 철원, 진안, 개성이 인삼의 재배 단지로 꼽히는 지역이다.
유사종	죽절인삼(*P. japonicus*), 화기삼(북미삼: *P. quinquefolius*), 전칠삼(*P. notoginseng* Burkill), 삼엽삼(*P. trifolius* L.), 히말라야삼(*P. pseudo ginseng* Wall), 삼칠삼(*P. wangianus*) 등이 있다.

인삼_줄기

인삼_잎   인삼_꽃

[생김새] 여러해살이풀로 높이는 50~60cm이다. 꽃은 연녹색으로 4월에 줄기 끝의 윤생(輪生:돌려나기)엽 중앙부에서 나온 긴 화축 끝에 산형 꽃차례로 1개가 달린다. 꽃받침잎, 꽃잎 및 수술은 각각 5개이며, 암술대는 2개이다. 열매는 납작하고 둥글며 적색으로 익는다.

재배방법

재배적지

- 부식질이 많고 배수가 잘 되는 곳에서 잘 자란다. 토질은 특별한 저습지, 질흙땅 또는 척박한 땅을 제외하고는 전국 각지에서 재배할 수 있으며 칼륨이 풍부한 곳으로, 표토는 사질양토, 심토는 점토질이 좋다. 침엽수와 활엽수가 적당하게 혼재된 곳으로 동북향의 경사지를 선택한다. 고려인삼의 최적광도는 8~10만 룩스 내외이며, 온도는 18~21℃, pH 4.5~5.8 범위이다. 또 염류 농도가 0.5dS/m 이하여야 한다. 세계적으로 Panax 속 식물이 생육할 수 있는 자연 조건은 낙엽성 산림지역으로 겨울철의 일정한 저온과 여름철의 적당한 강수량이 유지되어야 한다. 지구상에 자생 중심 지역이 2군데 있는데 동아시아 지역과 북동부 미주지역이다. 동아시아 지역은 동경 85°(네팔)에서 140°(일본) 사이로 한반도와 러시아 연해주 일부 및 만주 지방에 자생하며, 북미지역에서는 서경 70°에서 90° 사이에 애팔래치아 산맥을 중심으로 한 미 동북부 및 캐나다 동남부 지역에 자생한다. 위도상으로는 동아시아에서는 북위 22°에서 48°, 북미주에서는 북위 34°에서 47°에 분포한다.

인삼_종자

인삼_뿌리

번식 및 정식

가. 예정지 선정

- 인삼 농사에서 가장 중요한 선결 조건이다. 인삼은 한번 심으면 3~6년을 한곳에서 키우게 되며 재배조건이 나쁘더라도 중간에 옮겨 심기가 어려우므로 초기에 예정지 선정과 관리가 매우 중요하다. 예정지 선정의 조건은 다음과 같다.

(인삼재배 예정지 선정요건)

지형	- 북향 또는 동북향으로 통풍이 잘 되는 곳 - 완경사지 또는 평탄지
토양	- 배수가 양호한 양토 또는 식양토 - 비옥도 중간의 숙전 - 인삼연작지, 신개간지, 과습지 제외

전작물	- 양호 : 보리, 콩, 고구마 재배지 - 불량 : 채소, 마늘, 파 재배지
경영조건	- 노동력 공급이 용이한 곳 - 도로, 교통이 편리한 곳 - 청초, 원야토 확보가 용이한 곳

나. 토양화학성

- 토양산도(pH 5.0~6.0 정도), 염류농도(EC:전기전도도)를 측정하여 0.50dS/m(데시시멘스) 이하여야 한다. 염류집적을 줄이는 방법으로 휴한기에 흡비력이 강한 작물(옥수수, 수수, 호밀, 수단그라스 등)을 재배하거나 신선한 유기물을 다량 시용한다.

(인삼재배 예정지 토양의 화학성 조건)

구분		적합	허용범위
토양산도(1:5)		5.0~6.0	6.0~6.5
염류농도(dS/m)		0.50 이하	0.50~1.00
질산태질소(mg/kg)		50 이하	50~100
유기물(g/kg)		10~20	20~30
유효인산(mg/kg)	논	50~150	150~300
	밭	100~250	250~400
칼륨(cmol+/kg)	논	0.20~0.60	0.60~1.00
	밭	0.30~0.70	0.7~1.00
칼슘(cmol+/kg)		3.0~5.0	5.0~6.5
마그네슘(cmol+/kg)		1.0~2.0	2.0~4.0

(인삼약초연구소)

다. 유기물

- 유기물은 양분과 수분을 함유하는 힘이 크기 때문에 양분과 수분의 저장고 역할을 할 뿐만 아니라 홑알(단립) 구조인 토양을 떼알(입단) 구조로 변화시키기 때문에 토양의 물리성을 개선한다. 토양 1kg당 15~25g 정도의 유기물이 적당하다.

라. 예정지 관리

- 인삼을 심기 전 1~2년 동안 인삼이 자랄 수 있는 가장 좋은 조건을 만들기 위하여 예정지 관리를 하는데, 보통 청초를 3,000~4,500kg/10a 사용하고 10~15회 밭갈이를 한다. 그러나 야산 구릉지의 척박한 토양이나 개간한 지 얼마 되지 않은 토양 또는 다비작물 재배지로 비료를 많이 준 토양은 1년 동안의 예정지 관리로는 충분한 개량이 힘들고, 관리가 어려운 점질토양은 예정지 관리 기간이 길수록 좋은 토양을 만들 수 있기 때문에 서두르지 말고 충분한 관리를 해주도록 한다.

1) 밭갈이

- 인삼은 뿌리작물로서 한번 심으면 3~5년간 한곳에서 관리를 해야 하고, 뿌리 뻗음을 좋게 하기 위해서는 작토층이 깊고 부드러우면서도 물빠짐은 좋고 작물에 필요한 수분과 양분은 잘 함유할 수 있도록 떼알조직이 되어야 하므로 밭을 깊이 갈아 청초 등의 유기물을 토양과 잘 혼합하여야 한다. 따라서 예정지의 밭갈이는 여러 차례에 걸쳐 조금씩 깊이를 더해나가는 것이 좋다.

2) 밑거름

- 인삼은 내비성이 약하고 생육기간이 길기 때문에 전체 생육기간을 통해서 양분을 공급할 수 있는 유기질 비료가 효과적이다. 또한 일반작물은 웃거름에 의해 필요한 양분을 효과적으로 공급할 수 있지만 인삼의 경우에는 뿌리가 상할 위험성이 있기 때문에 함부로 손을 댈 수 없어 효과적인 웃거름 주기 방법이 확립되지 않은 실정이다. 인삼은 6년간 재배를 하더라도 흡수하는 비료량은 질소 18.7kg, 인산 5.6kg, 칼리 19.4kg에 불과하여 다른 작물의 1년간 흡수량에도 미치지 못한다.

(인삼 본 밭 시비기준)

구분	밑거름(kg/10a)		3요소 성분량(kg/10a)		
	예정지	작판시	질소(N)	인산(P_2O_5)	칼리(K_2O)
청초	3,000~4,500	–	21~36	4.5~7	23~35
유박	90~150	–	4~7	2~4	5~9
골분	–	150	6	6	–

(청초는 많은 양을 시용해도 장해가 없고, 토양 물리성을 좋게 해주기 때문에 마음 놓고 사용할 수 있으며 점질토양일수록 많은 양을 사용하는 것이 좋다.)

3) 인삼비료의 구비조건

- 효과가 늦게 나타나고 오랫동안 양분을 공급할 수 있는 유기질 비료
- 질소 성분이 적을 것
- 완전히 부숙된 유기질 비료
- 적정 양분의 공급과 함께 토양 물리성을 개선할 수 있는 것

4) 볏짚, 보릿짚

- 이들은 질소 함량이 적은 유기물로서 숙전(熟田)에는 사용이 가능하지만 개간지나 척박지에서는 잘 썩지 않기 때문에 오히려 장해가 발생할 수 있으므로 계분이나 약간의 질소비료를 섞어서 주면 분해가 잘 된다. 그러나 비료가 과다한 예정지는 청초대신 볏짚이나 보릿짚을 시용하면 토양 중의 과다한 양분을 흡착하는 데 도움이 된다.

마. 두둑 만들기

- 예정지 관리를 마친 다음 10월 중순~11월 중순 사이에 두둑(작판)을 만드는데, 두둑의 방향은 정동향에서 남쪽으로 25~30° 정도 기울어진 방향으로 하는 것이 좋다. 이랑은 방향과 배수조건을 동시에 만족시키도록 만드는 것이 가장 중요하다. 두둑의 높이는 가능한 한 높게 쳐 올리는 것이 좋은데 겨울을 지나는 동안 흙이 부드러워져 작업하기 편하고, 통기성도 좋으며, 적당한 수분을 유지하고, 작토층의 인산, 칼리 및 염류농도를 낮게 하고 결주율도 적으며 적변삼이 크게 감소되어 인삼 생육에 좋은 조건이 된다.
- 두둑 만들기를 할 때는 장줄을 180㎝ 간격으로 띠우고, 트랙터나 관리기를 이용하여 양쪽으로 2회 왕복하여 두둑을 가능한 한 높이 올린다.

바. 채종 및 파종

- 인삼은 종자로 번식하는데 종자는 4년생 이상 자란 포기에서 채종한다. 종자를 채종하여 과육을 제거하고 개갑처리를 하여 봄철에 직파하기도 하나 일반적으로 육묘상에서 1년을 키워서 본 밭에 정식한다.

사. 정식

- 육묘상에서 키운 묘삼은 농약 잔류가 문제 되지 않는 석회보르도액(8-8식) 같은 약제를 사용하여 소독하여 심는 것이 안전하다. 심는 재식거리는 나비 150~180㎝의 높은 두둑에 가능한 45° 각도로 세워서 식재하는데, 너무 세워서 심으면 동체가 짧아지고 난발삼이 증가하며, 뉘어서 심으면 동체가 길어지나 건조 피해를 받기 쉽다. 그러나 최근에는 상면에 부초재배(상면에 볏짚을 피복하여 재배하는 것)를 하고 3년생부터 부초 위에 복토를 하는 재배법이 보편적으로 이루어지고 있어

상면건조가 크게 완화되었기 때문에 심는 각도를 45~35°로 약간 뉘어서 심는 것이 수삼의 체형을 좋게 할 뿐만 아니라 정식하기도 편리한 이점이 있어서 많이 활용 권장하고 있다. 4년근으로 수확할 경우에는 1칸(90×180㎝)당 70~80본 정도로 밀식재배를 하고, 5~6년근의 홍삼 백삼 제조용이나 대편수삼 생산을 목적으로 하는 경우에는 1칸당 50~60본 정도가 적당하다. 인삼을 밀식하게 되면 개체중이 적어짐은 물론 지근발달 등 체형이 불량해지며, 특히 6년근 계약 삼포에서는 1칸당 54본(6행×9열)이 적당하다. 이식 후 복토는 3㎝ 정도로 얇게 해도 매년 복토작업을 실시하므로 큰 문제가 없다.

주요관리

- **해가림** : 봄에 얼었던 땅이 풀린 후 발아하기 전에 지주목을 세우고 해가림을 설치한다. 기후적으로 북부지역은 차광지와 PE 차광망, 중부지역은 차광지와 PE 차광망+은박지 차광판, 남부지역은 PE 차광망이나 은박지 차광판 피복이 유리하다. 해가림 설치 시 주의할 점은 연목과 피복물을 후주(後柱) 뒤쪽으로 충분히 빼내서 낙수에 의한 뒷두둑 무너짐을 방지해야 하며, 해가림 앞과 뒤에 반드시 도리목이나 코드사를 설치해서 폭우 시 피복물이 팽팽히 유지되도록 하여 누수가 되지 않도록 해야 한다. 또 폭설과 태풍 피해를 예방하기 위해서 두둑 양쪽 끝 부분에 버팀목 또는 코드사 등을 설치하여 튼튼하게 지지되도록 해야 한다.

- **수분관리** : 묘포의 적정 토양 함수량은 60% 정도이며 손으로 흙을 쥐어보았을 때 흙이 부서지지 않을 정도의 수분이 적당하다.

- **제초 및 배수관리** : 고랑 및 상(床) 측면에 제초제를 살포할 경우 장마철에 고랑에 물이 고일 경우 고랑과 상 측면에 살포한 제초제 성분이 건조한 상면(床面) 내부로 이동하여 인삼 세근의 발육이 불량할 뿐만 아니라 농약 잔류 우려가 크므로 제초제 사용을 금해야 한다. 고랑과 상 측면에 고랑을 깊이 파서 배수가 잘 되게 하고 PE 차광망 3중직으로 피복하면 우산이끼 등 잡초 발생을 크게 감소시킬 수 있다.

- **병해충 방제** : 모잘록병, 모썩음병, 역병, 균핵병, 줄기속무름병, 탄저병, 뿌리썩음병, 줄기마름병을 방제한다.

[성분] 사포닌(saponin)성분으로 ginsenoside-Ra_1, Ra_2, Rb_1, Rba_2, Rb_3, Rc, Rd, Re, Rf, Rg_1, Rg_2, Rh_1, Rh_2, panaxynol, panaxydol 등이 함유되어 있다.

[식용부위 및 조리법]
- 어린잎을 채취하여 쌈채소 또는 나물로 이용한다.
- 장아찌로도 담가 먹을 수 있다.

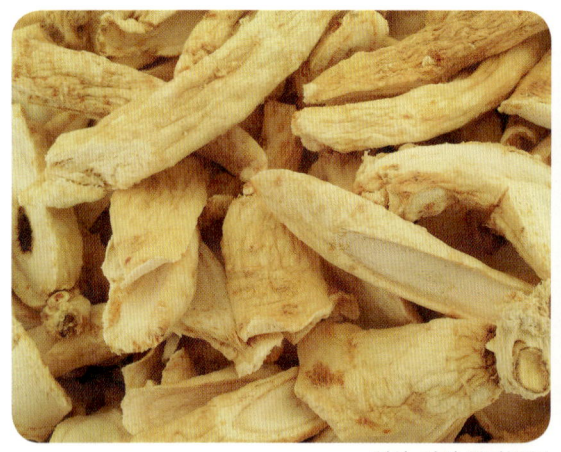
인삼_말린 뿌리(절단)

인삼_채취한 어린잎과 뿌리(미삼)

- 어린 미삼은 비빔밥용으로 사용하며 튀김으로도 이용한다.
- 쌈채소나 샐러드로 이용할 수 있다.
- 개인의 식성과 취향에 따라 다양한 요리로 즐길 수 있다.
- 뿌리는 백삼, 홍삼, 태극삼 등으로 제조하여 약용하고, 수삼을 삼계탕이나 기타 보양식으로 이용하기도 한다.
- 또한 뿌리는 정과로 만들어 이용하기도 하고, 말린 삼을 가루 내어 꿀에 재워두고 약용하거나, 수삼 절편을 꿀이나 설탕에 재워 차로 이용하기도 하며, 추출액을 가공하여 과립차로 만들기도 한다.

[인삼의 효능]

『방약합편(方藥合編:황도연 저)』에 따르면 인삼의 효능과 성미를 '인삼미감보원기지갈생진조영위(人蔘味甘補元氣止渴生津調營衛)'라 하여 원기를 보하고 갈증을 멎게 하며 진액을 생성하고 영혈과 위기를 조화롭게 한다고 하였다. 이처럼 인삼은 대보원기(大補元氣:원기를 크게 보함), 강심(强心), 안신(安神:정신을 편안하게 함), 고탈생진(固脫生津)의 효능이 있어 가히 만병통치약이라 할 수 있다.

잔대

Adenophorae radix

과 명	초롱꽃과(Campanulaceae)
학 명	*Adenophora triphylla* var. *japonica* (Regel) H. Hara
생약명	사삼(沙蔘)
이 명	딱주, 작두, 조선제니, 잔다구, 백사삼(白沙蔘), 남사삼(南沙蔘), 선사삼(鮮沙蔘)
분포 및 주산지	경북 및 강원 횡성, 충남 예산에서 주로 재배하며 분포한다.
유사종	층층잔대(*A. radiatifolia*), 톱잔대(*A. curvidens*), 넓은잎잔대(*A. divaricata* var. *manshurica*), 가는층층잔대(*A. radiatifolia*), 당잔대(*A. stricta*), 섬잔대(*A. taquetii*), 모싯대(*A. remotiflora*), 둥근잔대(*A. coronopifolia*), 털잔대(*A. tryphyla* var. *hirsuta*), 왕잔대(*A. tyosenesis*), 수원잔대(*A. polyantha*), 진퍼리잔대(*A. palustris*), 두메잔대(*A. lamarchii*), 나리잔대(*A. lilifolia*)

잔대_줄기

잔대_잎

잔대_꽃

[생김새] 숙근성 여러해살이풀로 높이는 40~120㎝이고, 뿌리가 굵으며 잎에 털이 있는 것과 없는 것, 잎이 넓은 것과 좁은 것, 키가 큰 것과 작은 것, 줄기 잎이 돌려 나거나 어긋나는 것 등 국내에서 40여 가지가 있다. 뿌리에서 돋은 잎은 잎자루가 길고 원심형이며, 꽃이 필 때쯤 없어지고, 줄기에 달린 잎은 경생엽(莖生葉:줄기에서 나는 잎)은 돌려나고 마주나거나 어긋난다. 긴 타원형 또는 난상 타원형(卵狀楕圓形), 바늘 모양 또는 넓은 선형이고 길이는 4~8㎝, 폭은 5~40mm로 양 끝이 좁으며 톱니가 있다. 꽃은 7월에서 9월까지 피고, 원줄기 끝에 엉성한 원추화서를 형성하며 꽃받침은 5개로 갈라진다. 암술대는 약간 밖으로 나오며 3개로 갈라

지고, 수술은 5개이며 수술대는 밑부분이 넓고 털이 있다. 삭과(蒴果:속이 여러 칸으로 나누어지고 각 칸마다 씨가 들어 있는 열매)는 끝에 꽃받침이 달린 채로 익으며 술잔과 비슷하고 측면의 능선 사이에서 터진다. 종자는 흑갈색으로 매우 잘다.

재배방법

재배적지

- **기후** : 잔대는 따뜻하면서 햇볕이 충분한 기후를 좋아하며 내한성이 있다.
- **토질** : 부식질이 많고 비옥하며 적습한 양토가 좋으며 물 빠짐이 좋은 곳이 좋다. 가급적 산간지에서 재배하는 것이 유리하다. 거름기가 과한 곳에 재배를 하면 쓰러짐 현상이 많다.
- **주산지** : 전국 각지에 자생하며, 강원도 횡성과 경상북도 영주, 전라북도 순창 등지의 일부에서 재배한다.

잔대_전초

번식 및 정식

- **품종** : 육성 보급된 품종은 없고 자생의 잔대에서 종자를 채취하여 이용한다.
- **번식** : 종자로 번식한다. 필요에 따라 육묘이식을 하기도 하지만 주로 직파재배를 한다.
- **파종 및 정식 시기** : 종자는 개화 후 50~60일경에 수확하여 축축한 흙 속에 묻어두었다가 봄에 직접 파종하거나 묘판에 심어 발아하면 3~4주 후에 이식한다. 잔대 종자를 안전하게 발아시키기 위해서는 지베렐린 100ppm에 24시간 침종하거나, 물에 침종한 종자를 냉장

잔대_씨앗

고 냉동실의 온도를 0℃로 조절하여 7일 동안 습윤처리하여 저장한 후 꺼내어 파종한다. 잔대 종자는 광발아성 특성을 가지고 있기 때문에 복토는 하지 않고 가볍게 눌러준다. 특히 종자의 크기가 작아서 묵은 종자는 발아가 되지 않으므로 당년에 채취한 종자를 심어야 한다.
- **주요관리** : 묘가 발아하면 제초작업을 해주고, 배토를 한다. 포장이 적습하도록 가끔 물을 주는 것이 좋다. 묘가 3~4㎝ 정도 되면 1차로 솎아준다.
- **수확** : 파종 2~3년 후 가을에 남은 줄기와 흙을 제거하고 수확한다.

[성분] 특이한 방향성이 있고, 맛은 조금 달고 씹으면 점액성이 있다. 뿌리에 샤셰노사이드Ⅰ,Ⅱ,Ⅲ.(shashenosideⅠ,Ⅱ,Ⅲ.) 시린지노사이드(siringinoside), 베타-시토스테롤 글루코사이드(β-sitosterol glucoside), 리놀레익산(linoleic acid), 메틸스테아레이트(methylstearate), 6-하이드록시유게놀(6-hydroxyeugenol), 사포닌(saponin), 이눌린(inulin) 등이 함유되어 있다.

[식용부위 및 조리법]
- 봄철에 나오는 순을 나물로 식용한다.
- 뿌리를 술로 담가 먹기도 한다.
- 장아찌로 담가 먹을 수 있다.
- 쌈채소나 샐러드로 이용할 수도 있다.
- 뿌리를 생으로 또는 무침으로 식용하며 식이섬유와 사포닌 함량이 도라지보다 높아 건강식품으로 유용하다.
- 개인의 식성과 취향에 따라 다양한 요리로 즐길 수 있다.

잔대_어린 줄기

잔대_뿌리

[잔대의 효능] 강장(强壯), 청폐(淸肺), 보음(補陰), 지해(止咳:기침을 멎게 함), 거담(祛痰:가래를 제거함) 효능이 있다. 폐열조해(肺熱燥咳:폐열로 인한 건조와 기침), 구해(久咳:오래된 기침), 인후통(咽喉痛), 고혈압(高血壓)을 치료한다.

질경이

Plantaginis semen

과 명	질경이과(Plantaginaceae)
학 명	*Plantago asiatica* L.
생약명	차전자(車前子)
이 명	차전(車前), 길장구, 빼뿌장이, 배합조개, 차전초(車前草)
분포 및 주산지	전국의 길가나 들에서 흔히 자라며 분포한다.
유사종	털질경이(*P. depressa*), 왕질경이(*P. major* var. *japonica*) 갯질경이(*P. camtschatica*)

질경이_지상부

질경이_잎

질경이_꽃

[생김새] 여러해살이풀로 많은 잎이 뿌리에서 나와 비스듬히 퍼지고 타원형이다. 길이 4~15㎝, 너비 3~8㎝이며, 평행맥이 있고 가장자리가 파상이다. 꽃은 흰색으로 5~8월에 잎 사이에서 나온 길이 10~15㎝의 꽃대에 이삭꽃차례로 달린다. 포(苞)는 좁은 달걀 모양이고, 꽃받침은 4개로 갈라지고 수술이 길게 밖으로 나오며 자방은 상위이다. 암술은 1개이고 열매는 삭과(蒴果:속이 여러 칸으로 나누어지고 각 칸마다 씨가 들어 있는 열매)로 익으면 옆으로 갈라지면서 뚜껑이 열리고 6~8개의 검은색 종자가 나온다. 질경이 또는 털질경이의 전초를 차전초(車前草)라 하며, 종자를 차전자(車前子)라 한다.

재배방법

재배적지

- **기후** : 질경이는 해가 잘 드는 양지에서 잘 생육하지만 약간 그늘진 곳에서도 잘 자란다.
- **토양** : 다소 습한 사질양토가 좋다. 나물용으로 재배할 때는 견고한 토양을 좋아하나 점질 토양이거나 너무 건조한 토양이면 식물체가 작고 억세어져서 상품가치가 떨어진다.

번식

- **품종** : 재배용으로 육성 보급된 품종은 없고 자생하는 몇 가지 종들이 있다. 우리나라에 가장 넓게 분포하는 우점종은 질경이(P. asiatica)이고, 그 밖에 왕질경이(P. asiastica var. japonica), 개질경이(P. camtschatica Cham), 털질경이(P. depressa Willd), 갯질경이(P. major var. yezomanitima Ohwi) 등이 있으며 그 밖에 섬질경이(P. alata Nakai), 긴잎질경이(P. sibirica Poir)도 분포하며, 외래 도입종으로 창질경이(P. laceolata L.)가 있다.

질경이_종자

- **번식법** : 종자로 번식한다. 잘 익은 종자를 채취하여 바로 파종하거나 이듬해 봄에 파종한다. 파종은 100~120㎝ 넓이의 두둑을 만들고 산파하며 노지에서는 여름에 차광(50~80%)에 의한 연화재배(軟化栽培)로 연중 연한 잎을 수확한다. 비닐 터널이나 하우스를 이용한 반촉성 재배를 하기도 한다. 채소용으로 연한 잎을 생산하고자 할 경우에는 밀파하여야 한다.

질경이_본 밭에 심어진 모습

주요관리

- 생장력이 강하여 특별한 관리가 필요 없으나 채소용 잎 생산을 위해서는 과다한 시용은 식물체가 연약해지지 않는 범위에서 질소질 비료를 사용하도록 한다. 재배기간 중에 가물지 않도록 관리한다.
- **병해충** : 병해충에 강한 식물로 특별히 문제가 되지 않으나 포장이 과습할 경우 뿌리썩음병이 나타날 수 있고, 늦여름 건조기에 흰가루병이 발생하기도 한다.
- **수확** : 나물로 재배할 경우에는 4~5월경에 1차 수확을 한 뒤 다시 나오는 싹을 재차 수확할 수 있다. 노지에서도 1년에 3회 정도 수확이 가능하다.

[성분] 종자와 전초에 이리도이드배당체인 오쿠빈(aucubin : 광대버섯속의 독성물질인 아마니틴의 해독작용을 함), 카탈폴과 플라보노이드인 플랜타기닌(plantaginin : scutelarein-7-glucocide), 호모플란타기닌(homoplantaginin) 등이 함유되어 있다. 종피(種皮)에는 점액질(mucilage:완하제로 이용)이 있다. 잎에는 단백질, 지질, 탄수화물, 회분, 칼슘, 인, 철 등을 함유하며 비타민 A, 비타민 B_1, B_2, C 등의 영양소를 함유한다. 또한 잎에는 우르솔릭산(ursolic acid), 헤트리아콘탄(hentriacontane), 베타-시토스테롤(β-sitosterol), 팔미트산 에스테르(palmitic acid ester), 효소(emulsin과 inverotin), 카로틴(carotin), 아스코르브산(ascorbic acid)이 함유되어 있다.

[식용부위 및 조리법]

- 봄철 새로 나온 잎은 식용으로 하며 식이섬유가 많아서 변비에 효과적이다.
- 새로 나오는 잎은 데쳐서 건조하여 그대로 또는 묵나물로 이용한다.
- 장아찌로 담가 먹을 수 있다.
- 쌈채소나 샐러드로 이용할 수도 있다.
- 씨는 위와 장 점막의 저항력을 높이고 소화액의 분비를 정상화하며 간을 튼튼하게 하므로 볶아서 차로 음용한다.
- 차전자 종자와 율무를 볶아서 1 : 3의 비율로 배합하여 복용하면 기력이 빠지지 않으면서 다이어트를 하는 데 매우 좋은 효과가 있는데, 차로 끓여 마시거나, 가루 내어 온수로 아침저녁 공복에 1숟가락씩 장기 복용하면 좋다.

질경이_채취하기 적당한 시기

질경이_채취 건조한 질경이

- 개인의 식성과 취향에 따라 다양한 요리로 즐길 수 있다.
- 쌀과 섞어서 죽을 만들어 먹는다.

[질경이의 효능] 전초에는 이뇨(利尿), 청간(淸肝:간기운을 맑게 함), 해열(解熱:열 내림), 거담(祛痰:가래를 제거함) 효능이 있고, 종자에는 이뇨, 익간(益肝), 진해(鎭咳:기침을 멎게 함), 거담의 효능이 있다. 전초(全草)와 씨는 습열(濕熱)을 없애고 눈을 밝게 한다. 전초는 소변불리(小便不利), 수종(水腫:신체의 조직 간격이나 체강 안에 임파액이나 장액이 많이 고여 있어서 몸이 붓는 증상), 혈뇨(血尿), 백탁(白濁:오줌이 혼탁되어 뿌연 것)을 치료하고 종자는 소변불리(小便不利), 복수(腹水:복강 내에 체액이 고여 있는 상태), 방광염(膀胱炎), 요도염(尿道炎), 간염(肝炎)을 치료한다.

참당귀

Angelicae gigantis radix

과 명	산형과(Umbelliferae)
학 명	*Angelica gigas* Nakai
생약명	당귀(當歸)
이 명	승검초, 신감채, 조선당귀(朝鮮當歸), 토당귀(土當歸)
분포 및 주산지	국내 어디서나 생육은 가능하나 지대가 높은 곳에서 재배가 양호하며 경북 봉화, 강원도 태백 등 표고가 높은 곳에 분포한다.
유사종	토당귀(*A. gigas*), 왜당귀(*A. acutiloba*), 중국당귀(*A. sinensis*)

참당귀_잎

참당귀_줄기

참당귀_꽃

[**생김새**] 산형과에 속하는 다년생 초본으로 뿌리는 굵고 짧은 주근으로부터 분지된 여러 개의 지근으로 되어 있다. 표면은 엷은 황갈색에서 흑갈색으로 측근에는 세로 주름이 많으며 지부에는 이생세포간극이 있으며 유세포에는 많은 전분립이 있다. 특이한 향기가 있으며 맛은 약간 쓰며 달다. 산형과(미나리과) 식물은 대부분 흰 꽃이지만 참당귀는 자주색 꽃이 피므로 구별이 된다.

재배방법

재배적지

- **기후와 토양** : 낮과 밤의 일교차가 크며 토심이 깊고 습기가 다소 있는 부식질이 많은 식질양토(질참흙) 및 사질양토(모래참흙)가 좋으며 물 빠짐이 좋아야 하고 연작을 피해야 한다. 지대가 낮은 지역에서는 꽃대가 일찍 올라와 뿌리 수량이 적다. 참당귀는 보통 중북부 해발 400m 이상인 산간 고랭지에서 재배하는 것이 유리하다.
- **주산지** : 참당귀는 우리나라와 중국의 동북부지역에 자생 분포하고, 주산지는 강원도(평창, 홍천, 강릉, 삼척, 태백, 정선, 인제), 충북(제천, 단양), 경북(봉화, 영주, 울진), 전북(무주), 충남(태안) 등이다.

참당귀_종자

파종 및 정식

- **품종** : 참당귀는 1998년에 육성 보급한 '만추(수원3호)'와 2001년에 육성 보급한 '안풍(수원6호)' 등이 있고, 일당귀는 2004년에 작물과학원에서 육성 보급한 '진일(수원7호)' 품종이 있다. 진일은 제주도를 제외한 전국이 적응지역이고, 만추와 안풍은 해발 400m 이상의 중산간 고랭지가 적응지역이다.
- **채종** : 당귀는 추대(꽃대가 올라오는 현상)가 되면 뿌리가 목질화되어 뿌리 수확이 어려우므로 채종에 세심한 주의를 기울여야 하며, 시험 연구기관에서도 추대가 되지 않는 쪽으로 품종 육성에 정성을 기울인

참당귀_종근(1년생)

다. 특히 농가에서 자가 채종을 할 경우에는 당년에 추대한 포기는 피하고, 가능한 몇 년 동안 추대가 되지 않는 포기에서 채종하도록 주의해야 한다.
- **번식** : 당귀는 종자로 번식하는데 직파재배와 육묘이식재배가 있다. 직파재배는 노동력이 적게 소요되는 장점이 있는 반면, 생산성과 품질이 낮을 수 있고, 육묘이식재배는 노동력이 많이 소요되나 생산성이 높아 다수확할 수 있으며 품질이 양호한 약재를 생산할 수 있는 장점이 있다.
- **파종** : 1.2m의 두둑을 만들고 흩어 뿌리거나, 5cm 간격으로 줄뿌림을 한다. 파종 후 볏짚을 덮고 충분히 물을 주며 1년간 육묘한 것을 가을 또는 이듬해 봄에 심는다. 최근에 개발된 기술로 이른 봄에 포트에 40~50일 정도 육묘하여 4월경에 본포에 옮겨 심으면 뿌리 수량이 많아진다.
- **재식거리** : 이랑 너비 60cm에 포기 사이 40cm 정도가 알맞다.

- **거름주기** : 10a당 표준시비량은 질소 16kg, 인산 12kg, 칼리 8kg, 퇴비 2,000kg이며 질소질 비료는 70%를 생육기 중에 웃거름을 준다.

주요관리

- **제초** : 대단위 재배에서는 본 밭에 심은 후 3일 이내에 제초제 리누론수화제 100g을 10a당 100~120L의 물에 타서 뿌려주고 6월부터 8월까지 3번쯤 김매기를 해주기도 하지만, 가능한 제초제를 사용하지 말고 손제초를 권하며, 본포에 심기 전에 흑색 비닐을 덮고 심으면 잡초 방제와 수량을 높일 수 있다.
- **솎아주기** : 발아 후 생육 초기에 제초와 함께 밀식된 곳은 솎아주기를 하고, 꽃대가 올라오는 포기는 바로바로 제거한다.
- **병해충 방제** : 참당귀의 병해는 점무늬병과 갈색무늬병, 줄기썩음병, 균핵병이 주로 발병하며 해충으로는 파총채벌레, 노린재, 흰띠거품벌레, 진딧물, 바구미, 산호랑나비, 명나방, 잎말이나방, 응애, 뿌리혹선충 등이 있으며, 특히 여름철 응애의 피해가 심하다. 또한 연작 피해가 심하므로 연작을 피하는 것이 좋다.
- **약재용 수확** : 수확은 정식한 당년 가을 11월 초순~중순경 잎과 줄기가 고사한 후에 뿌리가 상하지 않게 캐낸 다음 흙을 털고 건조시킨다.

[**성 분**]

뿌리에는 항산화, 항노화 작용이 있는 데쿠르신(decursin)이 다량 함유되어 있고, 종자에는 데쿠르시놀(decursinol), 이소-임페라틴(iso-imperatin), 데쿠르시딘(decursidin)이 함유되어 있다. 왜당귀나 중국당귀에는 이 데쿠르신 성분이 없다. 『대한약전』에는 "이 약을 건조한 것은 정량할 때 노다케닌($C_{20}H_{24}O_9$: 408.40) 및 총데쿠르신(데쿠르신($C_{19}H_{20}O_5$: 328.36) 및 데쿠르시놀안겔레이트 ($C_{19}H_{20}O_5$: 328.36))의 합 6.0 % 이상을 함유한다."고 기록하고 있다.

식용부위 및 조리법

- 이른 봄에 나오는 부드러운 잎은 쌈나물로 이용한다. 가을 수확하기 전까지 채취한 깨끗한 잎은 데쳐서 묵나물(건조나물)로 이용할 수 있다.
- 6월 말에 파종하여 잎과 함께 수확한 어린 뿌리는 향이 좋아 가을에 김치를 담가 먹기도 한다.
- 튀김으로 이용한다.
- 장아찌로 담가 먹을 수 있다.
- 개인의 식성과 취향에 따라 다양한 요리로 즐길 수 있다.

참당귀

 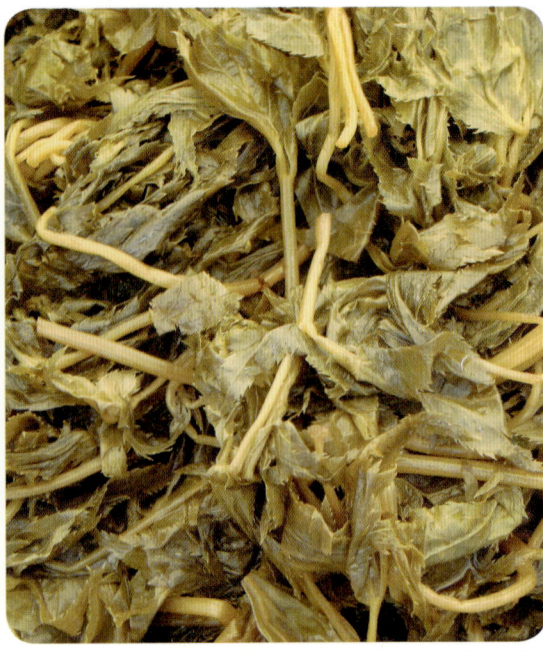

참당귀_어린잎 참당귀_절임

[참당귀의 효능] 보혈(補血), 조경(調經:월경을 조화롭게 함), 청열(淸熱:열 내림), 보간(補肝), 특히 모든 부인병에 효능이 있다. 월경불순(月經不順), 월경정지(月經停止), 신체허약(身體虛弱), 두통(頭痛), 복통(腹痛), 변비(便秘)를 치료한다. 특히 혈액이 허약하여 일어나는 병에 사용한다.

참취

Asteris radix

과 명	국화과(Compositae)
학 명	*Aster scaber* Thunb.
생약명	동풍채근(東風菜根)
이 명	동풍채(東風菜), 나물취, 암취, 취, 선백초(仙白草), 산백채(山白菜), 백운초(白云草), 산합차(山蛤䓛), 향소(香蔬)
분포 및 주산지	전국의 산과 들에서 자라며 분포한다.
유사종	개미취(*A. tataricus*), 웅굿나물(*A. fastigiatus*)

참취_잎

참취_줄기

참취_꽃

[생김새] 여러해살이풀로 높이 1~1.5m로 자란다. 윗부분에서 가지가 산방상(繖房狀)으로 갈라진다. 뿌리잎은 자루가 길고 심장 모양으로 가장자리에 굵은 톱니가 있으며 꽃필 때쯤 되면 없어진다. 줄기잎은 어긋나고 밑부분의 것은 뿌리잎과 비슷하며 잎자루에 날개가 있으며 거칠고 양면에 털이 있으며 톱니가 있다. 중앙부의 잎은 위로 올라가면서 점차 작아지고, 꽃이삭 밑의 잎은 타원형 또는 긴 달걀 모양이다. 잎에 무성아(無性牙) 비슷한 것이 생기는 것은 벌레집이다. 꽃은 8~10월에 피고 흰색이며 두화는 산방화서(繖房花序: 화서의 가지의 높이가 위에서 편평

한 화서)로 달린다. 포는 3줄로 배열하고 설상화(舌狀花)는 6~8개이며 관상화(管狀花)는 노란색이다. 열매는 수과(瘦果)로 11월에 익는다.

[재배방법]

재배적지
- 배수가 잘 되고 햇볕이 잘 들며 토심이 좋은 곳에서 잘 자란다.

번식및 정식
- 번식은 종자 파종과 근경을 이용한 포기나누기법이 있다. 당년에 잎과 뿌리를 많이 생산하려 할 때는 근경을 이용하고 산야에 흩어 뿌릴 때는 종자를 이용한다.
- 파종은 종자 채취 즉시 또는 이른 봄에 파종하여 종자가 수분을 충분히 흡수하여야 발아한다. 채종하여 바로 파종할 경우 이듬해 봄까지 건조하지 않으면 모두 발아한다.
- 정식은 흑색 비닐을 멀칭하고 1~1.2m 이랑에 2줄, 포기 사이 30㎝ 정도로 정식하여 포기 간에 알맞은 거리를 유지시켜준다.

참취_본 밭에 심어진 모습

참취_뿌리

[성분] 스쿠알렌(squalene), 프리델린(friedelin), 프리델린-3베타-올(friedelin-3β-ol), 알파-스피나스테롤(α-spinasterol)이 함유되어 있으며, 지상부에는 다량의 쿠마린(coumarin)이 함유되어 있다.

[식용부위 및 조리법]
- 나물이나 볶음, 묵나물로 이용한다.
- 장아찌로 담가 먹을 수 있다.
- 쌈채소나 샐러드로 이용할 수도 있다.
- 개인의 식성과 취향에 따라 다양한 요리로 즐길 수 있다.

참취_채취하기 적당한 시기

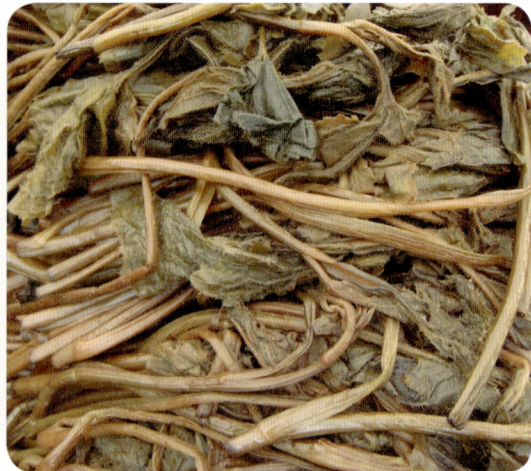
참취_장아찌

[참취의 효능] 활혈(活血:혈액순환을 촉진함), 해독(解毒), 진해, 이뇨(利尿), 구어혈(驅瘀血)의 효능이 있다. 근골동통(筋骨疼痛), 두통(頭痛), 요통(腰痛), 장염복통(腸炎腹痛), 인후동통(咽喉疼痛), 질타손상(跌打損傷:타박상), 사교상(蛇咬傷), 방광염을 치료한다.

[참고사항] 생것과 말린 것, 삶은 것 중에서 열량은 생것이 높지만, 단백질, 지질, 조섬유 등의 함량은 말린 것이 높다. 특히 전통적으로 잎을 채취하여 데쳐 말린 후 신선한 채소를 섭취하기 어려운 겨울철(보름날)에 나물로 먹는데, 말리는 과정에서 비타민의 함량이 많아지고, 섬유질이 많아 건강식품으로 사랑받는다.

천궁

Cnidii rhizoma

과 명	미나리과 (Umbelliferae)
학 명	*Cnidium officinale* Makino
생약명	일천궁(日川芎)
이 명	궁궁(芎藭), 두궁(杜芎), 약근(藥芹), 호궁(胡藭), 사휴초(蛇休草)
분포 및 주산지	중국 원산으로 경북의 울릉도, 봉화, 영양, 강원도 인제, 평창, 정선, 삼척이 주산지이다.
유사종	토천궁(*Ligusticum chuanxiong*), 두메천궁(*Coniselinum filicinum*)

천궁_줄기

천궁_잎

천궁_꽃

[생김새] 여러해살이풀로 높이 30~60cm이며 줄기는 굵다. 잎은 어긋나고 2회 우상복엽(羽狀複葉:깃꼴겹잎)이다. 뿌리에서 나오는 잎은 긴 잎자루를 가지며 원줄기 잎은 대가 엽초로 되어 원줄기를 감싼다. 작은잎은 달걀꼴 또는 바늘 모양으로 예리한 톱니가 있다. 꽃은 백색으로 8월에 가지 끝과 원줄기 끝에서 산형화서로 발달한다. 꽃잎은 5개이며 5개의 수술과 1개의 암술이 있다. 산경은 10개, 소산경은 15개 정도이며 열매가 열리기는 하나 성숙하지 않아 영양번식을 한다. 땅속에 묻힌 줄기마디에는 토천궁과 같이 영자가 형성되며 절단면은 근경의 자람을 한 눈으로 볼 수 있을 정도로 측면이 울퉁불퉁하고 속의 조직이 치밀하지 못하다.

재배방법

재배적지
- **기후** : 천궁은 다소 따뜻한 기후에서 잘 자라는 편이어서 우리나라 중부 이남 지방에서 주로 재배되고 있다. 그러나 여름철의 최고기온이 30℃ 이상 되는 날이 7일 이상 지속되면 생육을 멈추는 좌지현상이 나타나므로 이런 지역에서는 재배할 수가 없다. 따라서 여름철에 서늘하고 가뭄이 심하지 않으며, 습기가 많은 곳에서 잘 생육한다. 밤과 낮의 일교차가 큰 곳에서 생육이 좋다.
- **토양** : 식질토양(질참흙)에 모래가 섞인 배수가 잘 되는 토양이 좋다. 연작의 피해가 심하므로 천궁을 심은 곳에는 5~6년 이상 산형과 작물을 제외한 다른 작물을 심는 것이 좋다
- **주산지** : 천궁은 영양, 청송, 포항, 안동, 봉화, 청도, 영주, 울릉도, 거창 등지가 주산지이며, 토천궁은 여름철 기온이 다소 서늘한 평창, 정선, 태백, 삼척, 인제, 충주, 제천, 단양 등지와 같은 산간 고랭지가 주산지이다.

천궁_뿌리(종묘)

파종 및 정식
- **번식** : 종자가 성숙하지 않아서 종자번식은 할 수 없으며, 근경과 노두를 이용한 분주(포기나누기)번식을 한다.

천궁_약재용 뿌리

- **근경번식** : 근경의 크기는 25~30g 정도의 상처가 없고 큰 것을 골라 심는다.
- **정식시기** : 천궁은 추위에 약하므로 이른 봄 늦서리 피해를 피하여 심는다. 보통 3월 하순~4월 상순 사이, 10월 하순~11월 상순 사이에 두둑의 폭을 150cm로 만들고, 줄 사이를 45~60cm, 깊이 6cm 정도의 골을 판 다음 포기 사이 10cm로 하여 싹눈이 위로 향하게 늘어놓고 천궁은 3cm 정도, 토천궁은 5cm 정도의 두께로 흙을 덮어준다. 종근 소요량은 천궁은 10a당 120~150kg이 소요되고, 토천궁은 60kg 정도가 소요된다.

주요관리
- **제초관리** : 가을에 심은 것은 이듬해 봄 3월 하순~4월 상순에 싹이 땅 위로 올라오고, 봄에 심은 것은 심은 지 15~20일 후에 싹이 땅 위로 올라오는데 이때 풀을 뽑아주고 흙이 두껍게 덮인 것은 얇게 해주며 뿌리가 노출된 것은 가볍게 눌러주면서 흙을 덮어준다. 2~3회 제초작업을 해준

다. 여름철에 가뭄이 지속될 때에는 짚이나, 유기물 등으로 피복하거나 관수를 한다.

- **시비관리** : 비료는 10a당 질소 12kg, 인산 10kg, 칼리 15kg, 퇴비 2,000kg을 밑거름으로 주고, 웃거름은 8월 이후 질소와 칼리가 함께 들어 있는 복합비료를 사용한다.
- **병해충 방제** : 잎마름병, 탄저병, 뿌리썩음병, 시들음병, 흰가루병, 응애, 바구미, 뿌리혹선충, 고자리파리 등을 방제한다.
- **약재 수확** : 뿌리줄기의 수확적기는 잎과 줄기가 갈변한 10월 하순~11월 상순이다. 맑은 날이 2~3일 계속된 다음에 수확해야 뿌리에 붙은 흙이 잘 떨어져 조제하기 쉽다.

[성 분] 천궁 약재는 특이한 냄새가 있고 맛은 약간 쓰다. 뿌리줄기(근경根莖)에는 크니딜라이드(cnidilide), 리구스틸라이드(ligustilide), 네오크니딜라이드(neocnidilide), 부틸프탈라이드(butylphthalide), 세다노닉산(sedanonic acid), 안하이드라이드(anhydride), 센케이유놀라이드(senkeyunolide) 등이 함유되어 있고, 토천궁의 정유 성분은 부틸프탈라이드(butylphthalide), 부틸리덴에프탈라이드(butylidenephthalide), 리구스틸라이드(ligusilide), 센케이유놀라이드 A(senkeyunolide A), 네오크니딜라이드(neocnidilide), 발리킬라이드(wallichilide) 등이다.

천궁_채취하기 적당한 시기

천궁_어린잎

[식용부위 및 조리법]
- 연한 천궁의 잎을 채취하여 쌈용으로 사용하기도 하지만, 토천궁의 경우에는 향이 진하여 사용량을 적당히 조절해야 한다.
- 장아찌로 담가 먹을 수 있다.
- 쌈채소나 샐러드로 이용할 수도 있다.
- 개인의 식성과 취향에 따라 다양한 요리로 즐길 수 있다.

[천궁의 효능] 행기(行氣), 개울(開鬱:막힌 기를 뚫어줌), 거풍(祛風:풍사를 제거함), 활혈(活血:혈액순환을 촉진함), 지통(止痛)의 효능이 있다. 보혈(補血), 강장(剛腸), 진정(鎭靜), 진통(鎭痛), 두통(頭痛), 한사(寒邪)에 의한 근육마비(筋肉痲痺), 월경불순(月經不順), 난산(難産) 등을 치료한다.

초피나무　　Zanthoxyli pericarpium

과 명	산초과(Rutaceae)
학 명	*Zanthoxylum piperitum* (L.) DC.
생약명	산초(山椒)
이 명	화초(花椒), 천초(川椒), 초피(椒皮)
분포 및 주산지	동해안과 남해안의 기온이 따뜻한 산기슭 암석지대 양지바른 곳에서 자라며 분포한다.
유사종	화초(花椒), 촉초(蜀椒) 중국산 *Z. bungeanum*의 과피(果皮:열매껍질)로 표피는 진한 적색이며 향미가 강하고 저장해도 오랫동안 퇴색하지 않지만 초피와는 성분이 많이 다르다.

초피나무_잎

초피나무_가시와 줄기

초피나무_꽃

[**생김새**] 갈잎 떨기나무이며 높이는 2~3m까지 자란다. 잎은 어긋나며 기수 1회 깃꼴겹잎(우상복엽;羽狀複葉)이다. 소엽은 9~19개, 달걀 모양이며 미요두(微凹頭)는 예저(銳底)이고 길이는 1~3.5cm로서 4~7개의 파상의 톱니가 있다. 가지나 잎의 기부에는 1cm 정도의 마주난 가시(산초는 가시가 어긋남)가 있다. 톱니의 기부와 표면에 유점이 있어 강한 향기가 있고 잎 가운데는 연한 황록색의 반문(班紋: 옅은 주름살)이 있다. 암수딴그루로 꽃은 연한 황색이며 5~6월에 잎겨드랑이에서 개화하나 꽃잎은 없다. 열매는 삭과(蒴果:속이 여러 칸으로 나누어지고 각 칸마다 씨가 들어 있는 열매)로 9월에 익으며 선점이 있고 검은색 종자가 들어 있다.

[재배방법]

재배적지
- 겨울이 춥지 않은 중부 이남의 따뜻한 곳에서 겨울나기가 좋다. 추운 지역에서는 줄기가 동해를 받아 뿌리에서 올라오는 새 가지가 2~3년 만에 한 번씩 말라 죽는 악순환을 되풀이한다. 그늘에서는 어느 정도 견딜성이 있는 중용수이다.

파종 및 정식
- **번식** : 종자번식을 하며 가을철 종자를 채취하여 축축한 곳에 묻어두 었다가 가을 또는 봄철에 파종한다. 또는 산초에 접을 하여 재배하기도 한다. 종자를 말리면 2년째 발아하므로 종자 채취 후 건조하지 않도록 관리에 유의한다.

주요관리
- 웃자라지 않도록 관리한다. 웃자라면 겨울 추위에 생육장해를 받을 수 있다. 암수딴그루이므로 종자 맺히는 암포기를 골라 수분수와 함께 적절히 심는다. 병해로는 잎에 발생하는 녹병에 주의한다.

초피나무_열매

초피나무_씨앗

[성분]

열매껍질에 2~4%의 정유가 있다. 열매에는 정유 성분으로 제라니올(geraniol), 리모넨(limonene), 쿠믹알콜(cumic alcohol) 등과 아비세놀(avicenol), 아비세닌(avicennin), 베르갑텐(bergapten), 토달라인(toddaline), 미티딘(mitidine) 등이 함유되어 있다. 매운맛은 5~8% 정도 들어 있는 알파-산쇼울(α-sanshool)과 베타산쇼울(β-sanshool)에 의한 것이다. 뿌리와 줄기에는 알칼로이드(alkaloid)인 마그노플로린(magnoflorine) 등이 들어 있다.

[식용부위 및 조리법]

- 봄철 어린 싹을 데쳐 나물로 먹는다.
- 잎을 장아찌로 담가 먹을 수 있다.
- 쌈채소나 샐러드로 혼합하여 이용할 수도 있다.
- 개인의 식성과 취향에 따라 다양한 요리로 즐길 수 있다.

초피나무_채취하기 적당한 순

초피나무_순장아찌 고추장무침

[초피나무의 효능] 온중(溫中:중초를 따뜻하게 함), 산한(散寒:한사를 흩어지게 함), 제습(除濕:습사를 제거함), 지통(止痛:아픔을 멈춤), 살충(殺蟲:벌레를 죽임), 해어성독(解魚腥毒:생선 비린내와 독성을 풀어줌), 건위(健胃:위를 튼튼하게 함), 구충(驅蟲:충을 구제함)의 효능이 있다. 소화불량, 위내정수(胃內停水), 심복냉통, 구토, 하리, 음부소양증을 치료한다.

[참고사항] 산초나무에 비하여 꽃잎이 없고 가시가 마주나며 작은 잎에 물결 모양의 톱니가 있다.

잎을 따서 도시락에 넣으면 밥이 쉽게 상하지 않으므로 식품 향신료로 쓴다. 또 물고기를 잡을 때 뿌리로 즙을 내어 물에 풀면 물고기들이 기절하여 떠오른다.

초피(椒皮:열매껍질)는 말려서 가루 내어 향신료로 사용하기도 하는데, 특히 경상도 지방에서 추어탕이나 매운탕 등에 첨가하고, 김치에도 첨가하는 등 애용한다.

피마자

Ricini semen

과 명	대극과(Euphorbiaceae)
학 명	*Ricinus communis* L.
생약명	피마자(蓖麻子)
이 명	비마인(蓖麻仁), 비마자(蓖麻子), 피마주
분포 및 주산지	인도, 소아시아 원산으로 전국에서 재배한다.

피마자_줄기

피마자_꽃봉오리

피마자_꽃

[생김새] 한해살이풀로 높이는 2~2.5m까지 자라고 꽃은 8~9월에 원줄기 끝에 길이 20㎝가량의 총상 꽃차례로 달린다. 수꽃은 밑부분에, 암꽃은 윗부분에 달리고 1개의 자방이 있으며 3실이고 3개의 암술대가 끝에서 다시 2개로 갈라진다. 열매는 삭과(蒴果:속이 여러 칸으로 나누어지고 각 칸마다 씨가 들어 있는 열매)로 3실이며 각 실에 종자가 1개씩 들어 있다. 종자 표면에는 반점이 있다.

[재배방법]

재배적지
- 피마자는 열대지역에 자라는 식물로 서리에 약하므로 서리가 오지 않는 무상기간이 길면 길수록 재배에 유리하다. 따라서 연중 기온이 높은 남부지방에서 재배하기 쉽다.

파종 및 정식
- 번식은 종자로 하며 봄철 서리가 끝난 후에 파종한다. 더러는 비닐 포트에 육묘하여 옮겨 심기도 한다. 정식거리는 1~1.2m 이랑에 포기 사이 1m 정도로 거리를 넉넉하게 한다.

주요관리
- 파종 후 첫 꽃은 따버리고 순을 적심하여 가지가 많이 나도록 하고, 잎을 생산할 때는 새잎이 나와서 펴지기 전에 주름이 있을 때 부드러운 잎을 채취하여 나물로 이용한다.

- 기름을 목적으로 할 때는 집단적으로 재배하나, 보통 집 안팎에 심어 잎을 따서 나물로 먹고 종자를 채취하기도 한다. 병충해는 봄철에 가물 때에 가끔 진딧물이 생장점에 발생되는 경우가 있다.

피마자_열매

피마자_종자

[성 분]

종자에는 지방유가 40~50% 들어 있고, 지방유를 짜낸 찌꺼기에는 리신(ricin), 리시닌(ricinine), 리파제(lipase) 등이 들어 있으며, 종자에서 뽑아낸 리신에는 리신 D, 산성 리신, 염기성 리신 등 3가지가 들어 있다. 잎에는 비타민 C를 비롯하여 루틴(lutein), 캠페롤-3-루티노사이드[kaempferol-3-rutinoside(니코티플로린;nicotiflorin)], 이소케르세틴(isoquercitrin), 아스트라갈린(astragalin), 레이노트린(reynoutrin), 리시닌(ricinine) 등이 함유되어 있다.

피마자_채취하기 적당한 시기

피마자_채취 건조한 잎

식용부위 및 조리법

- 부드러운 잎을 데쳐 건조한 다음 물에 우려서 나물로 먹기도 한다.
- 장아찌로 담가 먹을 수 있다.
- 새싹이 올라오면 데쳐서 튀김으로 사용할 수 있다.
- 개인의 식성과 취향에 따라 다양한 요리로 즐길 수 있다.

피마자의 효능

종자(피마자:蓖麻子)는, 소종(消腫:종기를 삭임), 발독(拔毒:독소를 뽑아냄), 사하(瀉下) 등의 효능이 있으며, 뿌리(피마자근:蓖麻子根)는 진정해경(鎭靜解痙), 거풍(祛風:풍사를 제거함), 산어(散瘀:어혈을 흩어지게 함)의 효능이 있다. 종자는 옹저종독(癰疽腫毒), 나력(瘰癧:목 또는 귀 뒤, 겨드랑이 등의 임파절에 멍울이 생긴 병. 작은 것은 나(瘰)이고 큰 것이 력(癧)이다. 만성 임파선염이나 임파선 결핵 등에서 많이 보인다.), 후비(喉痺), 진선나창(疹癬瘰瘡), 수종복만, 대변조절을 치료하고 뿌리는 파상풍, 류머티즘, 나력(瘰癧)을 치료한다. 잎은 각기, 음낭종통, 해수담천을 치료한다. 기름은 변비(便秘), 창개(瘡疥), 화상을 치료한다.

헛개나무

Hoveniae semen cum fructus

과 명	갈매나무과(Rhamnaceae)
학 명	*Hovenia dulcis* Thunb.
생약명	지구자(枳椇子)
이 명	화초(花椒), 천초(川椒), 초피(椒皮)
분포 및 주산지	홋깨나무, 호리깨나무, 목밀(木蜜), 백석목자(白石木子), 지조(枳棗), 수밀(樹蜜)
유사종	중부 이남의 산속에서 자라며 울릉도에 집단 군락이 형성되어 있다.

헛개나무_지상부
헛개나무_잎
헛개나무_꽃

[생김새] 갈잎 큰키나무이며 높이는 10m가량이다. 잎은 어긋나며 넓은 난형 또는 타원형이며 점첨두(漸尖頭)이고 일그러진 아심장저(亞心臟低) 또는 원저(圓低)이며 3개의 뚜렷한 맥이 있다. 꽃은 취산화서(聚繖花序)이며 양성(兩性)으로 7월에 흰 꽃이 피며 암술대가 3개로 갈라지며 종자는 3개의 방에 각각 1개씩 들어 있다. 열매는 둥글고 갈색이 돌며 1개의 종자가 들어 있다. 열매와 꼭지는 가을철에 굵어지면서 울퉁불퉁하며 육질로 되어 있고, 달기 때문에 먹을 수 있다.

재배방법

재배적지
- 헛개나무는 물 빠짐이 좋고 기후가 온화한 곳에서 잘 자라며 토심이 깊고 가뭄이 들지 않은 곳이 좋다.

번식
- 종자로 번식하며 가을철에 종자를 따서 축축한 곳에 묻어두었다가 가을 또는 봄에 파종한다. 봄파종은 2~3월에 행하고, 발아는 4월 하순부터 6월 상순에 걸쳐 발아하며 발아율은 약 2~15% 정도이다. 묘목이 직근성(直根性:뿌리가 수직으로 곧게 뻗어 내려가는 성질) 이므로 초가을에 직근을 잘라주는 것이 옮겨 심는 데 도움이 된다. 정선한 종자는 1L당 21,000립 정도이다.

관리
- 병해충의 피해도 별로 없고 관리에 어려운 점은 없으나 식재 후 초기에는 지상부를 곧게 키우고, 시간이 지나면서 간벌(間伐)을 하여 적절한 공간이 확보되도록 해야 줄기껍질의 두께가 두꺼워지고 상품가치가 커진다.

헛개나무_열매

헛개나무_열매와 열매꼭지

성분

글루코스(glucose), 칼슘말레이트(calcium malate), 뿌리껍질에는 펩타이드 알칼로이드 프랑귤라닌(peptide alkaloid frangulanine), 호베닌(hovenine), 호베노사이드(hovenoside)가 함유되어 있다. 열매꼭지에 총당 함량이 약 13% 정도이며 껍질 아래와 도관속 주위에도 들어 있다.

식용부위 및 조리법

- 어린잎을 채취하여 데쳐서 나물로 이용할 수 있다.
- 헛개나무의 잎이나 종자를 차로 이용하기도 한다.
- 어린잎은 장아찌로 담가 먹을 수 있다.
- 쌈이나 샐러드로 이용할 수도 있다.
- 개인의 식성과 취향에 따라 다양한 요리로 즐길 수 있다.

헛개나무_장아찌로 채취하기 적당한 시기

헛개나무_쌈용으로 채취하기 적당한 시기

[헛개나무의 효능] 해주독(解酒毒:술독을 풀어줌), 생진지갈(生津止渴), 제번(除煩:번갈을 없앰), 간기능 개선의 효능이 있다. 열매(지구자;枳椇子)는 번열, 구갈, 구토, 이변불통, 사지마비, 류머티즘을 치료하고, 잎(지구엽;枳椇葉)은 사산으로 태아가 나오지 않을 때 사용한다. 줄기껍질(지구목피;枳椇木皮)은 혈액순환을 돕고 근육을 풀어주며 소화불량을 치료한다.

[참고사항] 국내산은 열매가 갈색으로 깨끗하나 수입산은 이물질이 들어 있거나 유통과정으로 인하여 갈라지고 깨진 열매와 부스러기가 많고 먼지가 많이 묻어 있어, 육안으로도 쉽게 판별이 가능하다.

호박

Semen Cucurbitae

과 명	박과(Cucurbitaceae)
학 명	*Cucurbita moschata* Duchesne
생약명	남과(南瓜)
이 명	남과자(南瓜子), 남과속(南瓜屬), 호박(胡朴)
분포 및 주산지	전국에서 식용 및 가공용으로 재배되는 열대 및 남아메리카 원산으로 귀화식물이며 전 세계에 여러 종이 분포하고 있다.
유사종	단호박(*Cucurbita pepo*)

호박_잎

호박_열매

호박_꽃

[생김새] 덩굴성 한해살이풀로 줄기의 단면은 5각형이고 털이 있으며 덩굴손으로 다른 물체를 감으면서 자란다. 덩굴손은 길이가 잎자루만큼 길고 윗부분이 5갈래로 갈라졌으며 하나의 어린 가지에 덩굴손이 액생(腋生:잎겨드랑이에 나오는 것)한다. 잎은 어긋나고 잎자루가 길며 허파꼴 또는 콩팥형이며 가장자리가 5개로 얕게 갈라지며 앞조각에 톱니가 있다. 꽃은 암수한그루로 단성화이며 황색으로 6월에서 서리가 올 때까지 잎겨드랑이에 1개씩 달린다. 암술자루는 수술의 자루보다 짧고 굵다. 열매는 장과로 크고 황갈색으로 익으며 종자는 납작하고 난형이며 1개의 열매에 많은 씨가 들어 있다.

재배방법

재배적지
- 열대 또는 아열대 원산으로 온난한 지역에서 잘 자라며 관수가 용이하고 배수가 잘 되는 비옥한 토양이 적합하다.

파종 및 정식
- **번식** : 종자로 번식한다. 발아온도가 25℃이므로 따뜻할 때 파종하며 발아기간은 약 2주 정도이다. 노지파종은 한 구멍에 2~3알씩 파종하며 분(포트) 육묘 시는 1알씩 파종한다.
- **파종시기** : 3~4월에 파종한다. 분육묘는 파종 후 25일 전후에 재식거리를 이랑 너비 1.5m~1.8m, 포기 사이 60~90㎝로 정식한다. 초기생육이 좋아야 많은 호박이 달린다. 더운 여름철에는 꽃이 피더라도 더위 때문에 호박이 결실하지 못한다.

호박_씨앗

주요관리
- **물관리** : 관배수를 철저히 한다.
- **시비관리** : 시비량은 10a당 질소 22㎏, 인산 17㎏, 칼리 20㎏이며, 비료를 흡수하는 능력이 강하여 토양이 비옥할수록 잘 자라고, 열매도 커진다.

호박_묘종

- **병해충 방제** : 무름병, 노균병, 흰가루병, 역병, 진딧물, 선충 등을 방제한다.

성분

과육에 시트룰린(citrulline), 알기닌(alginine), 아스파라긴(asparagine), 카로틴(carotene), 아데닌(adenine), 글루코스(glucose), 펜토산(pentosan), 만니톨(mannitol) 등이 함유되어 있다. 종자에는 큐커비틴(cucurbitine)이 함유되어 지렁이와 주혈흡충에 대해 살충 효과가 있다.

호박_잎 채취하기 적당한 시기

호박_채취한 잎

[식용부위 및 조리법]

- 잎을 쪄서 쌈으로 먹는다.
- 된장이나 탕의 나물로 쓰기도 한다.
- 종자는 견과류로 식용한다.
- 과육은 호박식혜, 호박죽, 호박차로 이용한다.
- 장아찌로 담가 먹을 수 있다.
- 특히 잘 익은 늙은 호박은 잔대와 함께 산후조리에 죽을 만들어 복용하면 독소를 제거하고, 산후의 몸매 관리에도 매우 효과가 좋다.
- 개인의 식성과 취향에 따라 다양한 요리로 즐길 수 있다.

[호박의 효능] 통유즙(通乳汁), 보중익기(補中益氣), 소염지통(消炎止痛), 이뇨(利尿)에 효능이 있고 기운을 내며 부종을 가라앉히며 해독작용과 혈지방과 혈당을 낮춘다. 황달(黃疸), 이질(痢疾), 유즙불통(乳汁不通), 화상(火傷)의 치료에 사용한다.

[참고사항] 양고기와 함께 먹으면 안 된다.

참고문헌

곽준수 등, 약용식물 재배(성분, 약효, 이용법), 푸른행복, 2011.
김재철, 생활 속의 약용식물, 봉화약초 시험장, 2013
박소득 등, 최신 약용식물 도감, 의성약초시험장, 2000.
안덕균, 한국본초도감, (주)교학사, 2008.
육창수 등, 한국 본초학, 형설출판사, 1994.
이창복, 원색 대한식물도감, 향문사, 2008.
최옥자, 약초의 성분과 이용, 일월서각, 1994.